Photoshop CS2

特效设计宝典

杨 杰/编著

中国青年出版社
中国青年电子出版社
http://www.21books.com http://www.cgchina.com

中青雄狮

图书在版编目（CIP）数据

Photoshop CS2特效设计宝典/杨杰编著. –北京：中国青年出版社，2006

ISBN 978-7-5006-7041-4

I.P...　II.杨...　III.图形软件，Photoshop CS2　IV. TP391.41

中国版本图书馆CIP数据核字（2006）第089256号

Photoshop CS2 特效设计宝典

杨 杰　编著

出版发行：	中国青年出版社
地　　址：	北京市东四十二条 21 号
邮政编码：	100708
电　　话：	(010) 59521188 / 59521189
传　　真：	(010) 59521111
企　　划：	中青雄狮数码传媒科技有限公司
责任编辑：	肖　辉　秦志敏
封面设计：	于　靖
印　　刷：	北京嘉彩印刷有限公司
开　　本：	787×1092　1/16
印　　张：	22.25
版　　次：	2009 年 4 月北京第 2 版
印　　次：	2009 年 4 月第 1 次印刷
书　　号：	ISBN 978-7-5006-7041-4
定　　价：	39.90 元（附赠 1CD）

本书如有印装质量等问题，请与本社联系　电话：(010) 59521188

读者来信：reader@cypmedia.com

如有其他问题请访问我们的网站：www.21books.com

动感景深特效

设计思想：富于动态模糊的图像，给人真实的景深感，用于配合比较时尚、炫酷的跑车等图像，本实例巧妙运用"径向模糊"滤镜，让停止的"宝马"跑起来。

光盘文件：chapter 1/动感景深特效

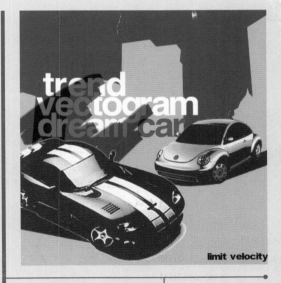

怀旧版画

设计思想：版画又称为间接艺术，是艺术与印刷结合的产物。本实例利用"木刻"滤镜、"便条纸"滤镜轻松制作怀旧的版画效果，将普通的照片变成另一种艺术。

光盘文件：chapter 1/怀旧版画

矢量化图像

设计思想：矢量化图像一般是在矢量软件中生成，巧妙运用颜色调整命令和图层混合模式，将背景和主题汽车融合在一起，使矢量化图像也能在Photoshop中诞生。

光盘文件：chapter 1/矢量化图像

压纹图像

设计思想：巧妙运用通道命令，结合斜面和浮雕图层样式，可以轻松制作压纹效果。方法简单、但效果更自然。利用这个方法还可以制作其他的压纹效果。

光盘文件：chapter 1/压纹图像

彩铅艺术化

设计思想：彩铅艺术总是给人干净、纯洁的感觉，在表现形式上采用了很艺术化的勾勒方式。在Photoshop中可以直接将图像处理成彩铅效果，效果逼真并富有童趣色彩。

光盘文件：chapter 1/彩铅艺术化

彩块图像时尚加工

设计思想：运用一些简单的纯色块可以制作一些造型比较酷和时尚的设计效果，方法简单又实用。适当运用图层混合模式来叠加图像，使彩块化后的图像既大方又时尚。

光盘文件：chapter 1/彩块图像时尚加工

水墨画

光盘文件：chapter 1/水墨画

设计思想：水墨画是我们的国粹，是一种优雅的传统文化，具有典型的东方色彩。因为是在宣纸上作画，难度比较高。不过我们可以通过Photoshop轻松地将一般的相片处理成水墨画效果。

星空图

设计思想：深夜的星星总是给人神秘深邃的感觉，有星星的星空更加迷人。在Photoshop的世界中，可以为你的每个夜晚都增添一些星星。巧妙运用画笔工具和滤镜命令，可轻松制作星空图。

光盘文件：chapter 1/星空图

边缘特效

设计思想：通过查找图像的边缘，可增强图像效果，突出主题效果的表达，只需简单的滤镜和图层样式即可完成，方便实用。

光盘文件：chapter 2/边缘特效

高反差双色特效

设计思想：运用双色可以将图像的细节表现出来，形成强烈的对比效果。当然还需要配合一些文字，运用颜色的对比效果增强图像的视觉冲击力。

光盘文件：chapter 2/高反差双色特效

个性写真

设计思想：利用线条和块面，可以制作一张另类别致的个性写真。运用"木刻"和"查找边缘"滤镜，将人物的块和线完美地表现出来，既个性又时尚。

光盘文件：chapter 2/个性写真

我的明信片

光盘文件：chapter 2/我的明信片

设计思想：一张很普通的照片也可以变得很有意思，适当添加一些素材文件，制作自己的明信片，让自己成为主角。还可以学习磨皮的方法，快速修复瑕疵。

压纹镂空文字

设计思想：文字特效是常用的特效之一，金属文字的各种效果也层出不穷，压纹镂空文字是一种自定义锈纹镂空的字体，造型特别，质感逼真。

光盘文件：chapter 3/压纹镂空文字

PHOTOGRAPH COLLECTION OF RUST

Many photographs of rust are contained in this book.
Please know the charm of rust.

MARUMARU PUBLISHING COMPANY

我的复古风

设计思想：翻转负冲效果是相片中常用的手法，可以很好地表现复古风格。利用消失点功能，还可以修复图像中不需要的部分，使图像效果更完美。

光盘文件：chapter 2/我的复古风

景深立体感文字

设计思想：利用"模糊"、"杂色"和"撕边"等滤镜，使图像和文字产生一种动感效果，加强视觉冲击力。

光盘文件：chapter 3/景深立体感文字

POP文字

设计思想：POP文字以轻松的形象带给消费者各种信息，也能留下比较深刻的印象。本例结合应用各种图层样式，制作漂亮的POP文字效果。

光盘文件：chapter 3/POP文字

岩质文字

设计思想：岩质干燥的土地常常和环保结合在一起，本实例利用环保主题，制作岩质文字，重点表现岩石的干燥效果。

光盘文件：chapter 3/岩质文字

铁网文字

设计思想：本例巧妙应用"撕边"、"半调图案"滤镜，"内阴影"、"斜面和浮雕"图层样式将普通的图像和文字变成铁网效果，给人一种强烈的震撼力。

光盘文件：chapter 3/铁网文字

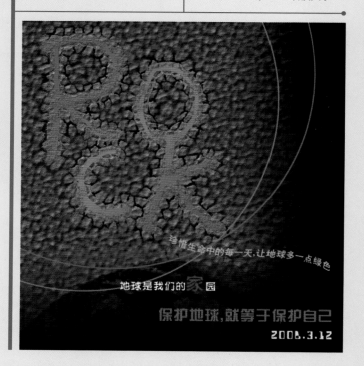

超炫动感线

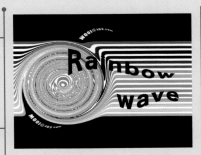

设计思想：本例主要运用"液化"滤镜对线条进行各种变形，得到色彩绚丽的超炫动感线。

光盘文件：chapter 4/超炫动感线

卡片背景图像

设计思想：每当节日来临，借助卡片送出祝福比较特别和有意义。本例通过一些简单的滤镜，轻松制作出造型别致的异国风情卡片效果。

光盘文件：chapter 4/卡片背景图像

包装背景图像

设计思想：典雅别致的包装效果，可以通过自己的喜好来进行设计。本例采用拼花图案来制作典雅的、具有节日气氛的包装背景图像。

光盘文件：chapter 4/包装背景图像

彩色波纹个性背景图像

设计思想：在Photoshop中，将简单的颜色块经过一些特殊组合，可以形成一幅色彩绚丽的背景图像。再配上一些文字，更可增加几分时尚感。

光盘文件：chapter 4/彩色波纹个性背景图像

星云科幻图像

设计思想：星云科幻图像往往能带来神秘的感觉。本例的星云科幻图像看似比较复杂，只需巧妙运用图层混合模式即可快速制作。

光盘文件：chapter 4/星云科幻图像

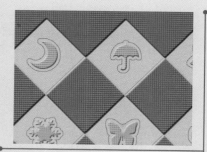

布纹效果

设计思想：拼花布纹有很强的纹理效果，在Photoshop中可以巧妙运用图层样式制作出布纹效果，同时拼花的图案和颜色还可以随意调整。

光盘文件：chapter 5/布纹效果

狗年旺春图

设计思想：通过简单的滤镜，可以制作特殊的
背景图像，再配上狗年的主题，一张狗年旺春
图就诞生了。颜色、文字效果以及图像都可以
根据需要变化，巧妙又简单。

光盘文件：chapter 4/狗年旺春图

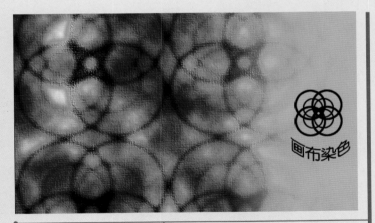

特殊封皮质感图像

设计思想：特殊磨旧质感的封
皮，总给人神秘的感觉，再加
上一点破旧感，更可以增加几分
传奇色彩。本例的制作方法很简
单，重点是通过一些细节来营造
这个效果。

光盘文件：chapter 5/特殊封皮质
感图像

布染效果

设计思想：画布的花纹一
般都是经过精心设计的，
然后进行适当的染色。在
Photoshop中也可以制作出
质地逼真的、具有强烈设
计感的布染效果。

光盘文件：chapter 5/布
染效果

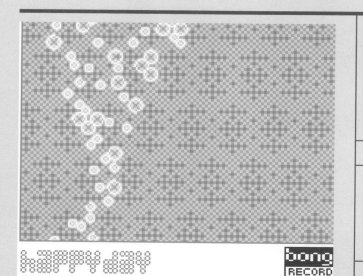

个性十字绣

设计思想：风靡一时的十字绣艺术，受到广大爱好者的喜爱。通过Photoshop的选框和填充工具一样可以设计各种漂亮的十字绣图案。

光盘文件：chapter 5/个性十字绣

七彩气泡

设计思想：七彩气泡带有浓厚的童话色彩，让人产生如梦如幻的遐想。通过Photoshop的滤镜效果能够制作七彩气泡，可以作为节日卡片背景使用。

光盘文件：chapter 6/七彩气泡

泥雕效果

设计思想：泥雕是一种手工艺术，可以在泥上雕刻、上色、抛光等。通过画笔工具自定义雕刻的花纹，然后运用图层样式让雕刻立体真实起来。

光盘文件：chapter 5/泥雕效果

DIY浓情巧克力

设计思想：利用"渐变叠加"图层样式和"塑料包装"滤镜即可制作巧克力效果，形象逼真、方法简单。

光盘文件：chapter 6/DIY浓情巧克力

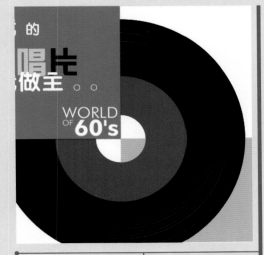

怀旧唱片

设计思想：在数码产品满天飞的时代，老一代的唱片机更能激起怀旧情绪。本例巧妙运用滤镜，制作出经典的老唱片效果。

光盘文件：chapter 6/怀旧唱片

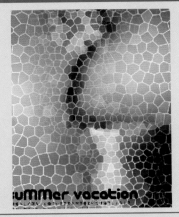

彩块化效果

设计思想：利用简单的"染色玻璃"滤镜，可以制作出风格别致的蝴蝶图像，配上文字效果，为春天的季节留下一抹精彩。

光盘文件：chapter 6/彩块化效果

个性糖果

设计思想：先利用选框工具制作糖果的条纹效果，再用"液化"滤镜进行变形，最后运用"塑料包装"滤镜，适当调整参数，即可让糖果效果栩栩如生。

光盘文件：chapter 6/个性糖果

烟雾效果

设计思想："禁止吸烟"的图形符号在很多地方都可以看到，利用图形化的元素制作"禁止吸烟"的招贴，方法简单且效果直观，重点表现出烟雾的飘渺效果。

光盘文件：chapter 6/烟雾效果

冰花玻璃

设计思想：利用"云彩"滤镜、"玻璃"滤镜、"曲线"命令、"斜面和浮雕"图层样式等制作磨砂玻璃，再加上彩色的冰花效果，更为玻璃装饰品增添几分情趣。

光盘文件：chapter 6/冰花玻璃

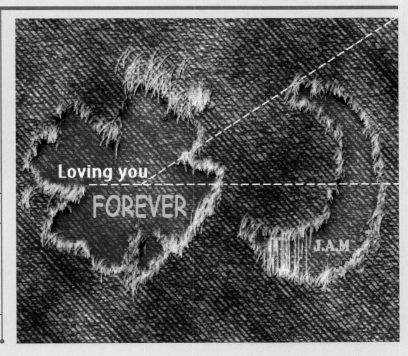

个性牛仔布

设计思想：流行一时的乞丐牛仔裤，成为年轻人的新宠儿。运用画笔工具可以制作出逼真的磨边效果，再配上适当的文字和装饰线条，让牛仔布独具一格。

光盘文件：chapter 6/个性牛仔布

数字立体图像

光盘文件：chapter 7/数字立体图像

设计思想：数字化图像给人比较时尚的感觉，制作立体的图像在平面软件中同样可以完成，其效果独具特色。主要应用透视基准线，使立体文字更有真实的透视效果。

设计思想：燃烧效果经常出现在各种设计中，逼真的燃烧效果可以使作品增色不少，本例主要通过蒙版得到逼真的燃烧效果，方法简单、实用。

燃烧效果

光盘文件：chapter 6/燃烧效果

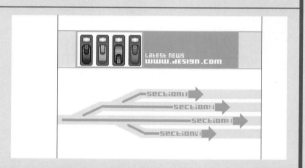

网页按钮效果

网页图标

设计思想：网络元素的多元化，诞生了很多绚丽丰富的网页，网页按钮也是其中一个主要元素。本例利用矩形选框工具、画笔工具制作的网页按钮形象别致，是网页设计的必备要素。

设计思想：网页上的图标丰富多彩，这里巧妙利用"塑料包装"、"水彩"、"影印"滤镜就可以制作五彩斑斓的网页图标，为网页锦上添花。

光盘文件：chapter 7/网页按钮效果

光盘文件：chapter 7/网页图标

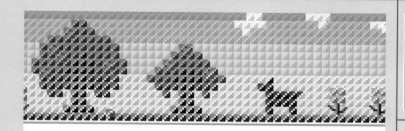

像素化图像

设计思想：网络上盛行一时的像素化图像，很小的图像却能很精致地表现各式各样的图案。本例运用选框工具、移动工具和"填充"命令将像素化图像演绎的淋漓尽致。

光盘文件：chapter 7/像素化图像

Photoshop是平面图像处理业界霸主Adobe公司推出的跨越PC和Mac两界首屈一指的大型图像处理软件。Photoshop以专业强大的图像处理功能、人性化的操作界面、广泛的应用领域，赢得众多用户的青睐，从而奠定了平面图像软件中的霸主地位。

本书以Photoshop CS2版本为基础，综合运用Photoshop CS2软件功能，精心制作了84个精彩案例，带给您全新的设计理念和实用的设计方法，其应用领域也非常广泛，主要涉及到图像处理、数码相片后期处理、文字艺术特效、背景图像制作、纹理材质、手绘个性艺术和网络时尚特效等，汇集了设计工作中常用的一些处理技法，同时覆盖了Photoshop CS2软件的所有功能，并对各项功能进行综合性运用。摒弃传统的从菜单命令开始讲解的教学模式，以轻松、易读、实用的方式进行全新的学习方法介绍。

每个实例均以"实例讲解—举一反三—功能技巧归纳"的体例进行编写。在每个精彩案例的"举一反三"部分通过案例的效果或者对运用的功能进行衍生，从而真正掌握软件的综合运用方法，以期能够融会贯通、举一反三。本书还有一个重要的部分，那就是每个案例后面的"功能技巧归纳"，针对每个案例中重要的功能进行详细讲解，让读者知其然并知其所以然，以便真正理解功能的运用原理，全面提高实战能力。另外，本书还收集了Photoshop CS2中常用的百余种技巧，让读者掌握快捷、方便的操作方法，提高工作效率。

全书共分7章，分门别类的讲解了Photoshop CS2在图形图像处理方面的具体应用。其中典型的实例有压纹图像、水墨画、怀旧版画、制作明信片、个性写真、照片边缘特效、POP文字、岩质文字、压纹镂空文字、卡片背景、包装背景、布纹纹理、特殊封皮、冰花玻璃、个性糖果、网页按钮、像素化图像等。实例讲解完整、实战性强，对实例稍加改动就可应用到实际工作中。

本书内容翔实、实例丰富，特别注重作品的实用性和艺术性。相信在学习本书的同时，更能深刻体会Photoshop CS2的强大功能，并真正感受到Photoshop CS2的艺术魅力，还能掌握一些实用的设计技法。本书既可以作为中、高级平面特效设计人员提高设计思想和理念的参考用书，也可以作为平面设计制作与处理人员的案头宝典，还可作为初学者学习Photoshop之用，高的学习起点意味着高的设计水平，本书将是您最佳的选择。

由于作者水平有限，加之时间仓促，书中难免有疏漏和不妥之处，敬请志同道合的朋友不吝赐教。

作 者

2006年8月

目录

Chapter 1 图像快速加工厂

Chapter 4　个性背景图像

Chapter 5 纹理质感设计

Chapter 6 插图手绘艺术

Chapter 1　图像快速加工厂

图像处理是进入 Photoshop 殿堂的第一步，运用简单而快捷的方法可以让许多平凡的图像变得丰富多彩、绚丽十足，下面就一起来体会 Photoshop 的奇妙之旅吧！

01 动感景深特效

动态模糊的图像，给人真实丰富的景深感，特别是在用于设计比较时尚、炫酷的跑车等图像的时候。本实例巧妙运用"径向模糊"滤镜，让静止的"宝马"跑起来。

重要功能："径向模糊"滤镜、图层混合模式、蒙版、文字工具、选框工具、"动感模糊"滤镜

光盘路径：CD\chapter1\动感景深特效\complete\car.psd

操作步骤

STEP 01 按Ctrl+O快捷键，打开如图1-1所示的对话框，选择本书配套光盘中chapter1\动感景深特效\media\car.jpg文件，然后单击 打开(0) 按钮，打开文件，如图1-2所示。

图 1-1

图 1-2

STEP 02 单击裁切工具 ⊘ ，在图像窗口中拖曳创建一个编辑框，如图1-3所示，确定图像大小后按Enter键，删除多余的图像，使图像的整体布局更美观，如图1-4所示。

图 1-3

图 1-4

STEP 03 单击椭圆选框工具 ⊘ ，按住Shift键在汽车轮胎处创建一个正圆选区，如果创建的大小跟汽车轮胎不吻合，可以通过执行"选择>变换选区"命令，拖曳选区编辑框来调整选区的大小，如图1-5所示，完成后按Enter键确定选取范围，如图1-6所示。

图 1-5

图 1-6

STEP 04 保持选区，按 Ctrl+J 快捷键将选区内的图像复制到新图层，"图层"面板中自动新建一个图层，如图 1-7 所示。然后对图层 1 执行"滤镜>模糊>径向模糊"命令，弹出"径向模糊"对话框，参照图 1-8 设置模糊的参数，这里需要注意的是在"中心模糊"显示框中调整模式的中心位置，如果中心位置与车胎图像的中心点不对应，那么取得的模糊效果就不会很真实。完成参数设置后单击"确定"按钮。效果如图 1-9 所示。

STEP 05 观察车胎效果，模糊效果还不是很明显，按 Ctrl+F 快捷键，重复应用步骤 4 的滤镜命令，可发现车胎的模糊效果比较真实，如图 1-10 所示。

图 1-7

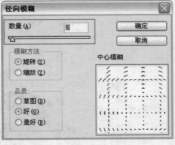

图 1-8

图 1-9

图 1-10

STEP 06 使用椭圆选框工具 ，沿车胎的金属圈创建椭圆选区，选区大小如果不合适，可以通过"变换选区"命令来调整，如图 1-11 所示。完成后切换到背景图层中，按 Ctrl+J 快捷键，将背景图层中的选区内容复制到新图层中，并拖曳图层 2 到图层 1 的上面，如图 1-12 所示。

图 1-11

图 1-12

STEP 07 对图层 2 执行"滤镜>模糊>径向模糊"命令，使用与步骤 4 中相同的参数，这里也可以通过按 Ctrl+F 快捷键来完成，如图 1-13 所示。再按 Ctrl+F 快捷键，也就是应用两次"径向模糊"命令，效果如图 1-14 所示。

图 1-13

图 1-14

STEP 08 完成后修改图层2的图层混合模式为"亮度"，并设置"不透明度"为40%，如图1-15所示。然后对图层2按 Ctrl+T 快捷键，显示自由变换编辑框，将鼠标指针放置在任意4角的外面，鼠标指针呈旋转形状时，如图1-16所示，适当旋转图像的角度，使模糊效果有延伸感。完成后按Enter键确认操作。

图1-15

图1-16

STEP 09 将图层2拖曳到"图层"面板底部的"创建新图层"按钮上，即可得到图层2的副本，然后修改"图层2 副本"的图层混合模式为"滤色"，如图1-17所示。效果如图1-18所示。

图1-17

图1-18

STEP 10 同样对"图层 2 副本"按 Ctrl+T 快捷键，再适当旋转图像的角度，如图1-19所示。完成后按 Enter 键确认操作，效果如图1-20所示。

图1-19

图1-20

STEP 11 单击"创建新图层"按钮，新建一个图层3，如图1-21所示。然后单击"颜色"面板中的前景色图标，弹出"拾色器"对话框，参照图1-22选择其中的颜色（每个颜色都有一个具体的色标值，如#号右边的数值框。以后本书出现需要设置颜色的地方，会给出这个颜色值）。选择后单击"确定"按钮。

图1-21

图1-22

STEP 12 对图层 3 执行 "编辑>填充" 命令，打开如图 1-23 所示的对话框，在 "使用" 下拉列表框中选择 "前景色"，然后单击 "确定" 按钮对图层 3 进行填充，效果如图 1-24 所示。这里还可以通过按 Alt+Delete 快捷键直接填充前景色。在操作中多使用快捷键，可以提高工作效率。

图 1-23　　　　　　　图 1-24

STEP 13 单击 "图层" 面板底部的 "添加图层蒙版" 按钮 ，为图层 3 创建图层蒙版。然后单击图层 3 左边的眼睛图标 ，暂时隐藏图层 3，如图 1-25 所示。使用椭圆选框工具 ，沿车胎金属边缘创建圆形选区，如图 1-26 所示。

图 1-25　　　　　　　图 1-26

STEP 14 保持选区，执行 "选择>羽化" 命令或者按 Ctrl+Alt+D 快捷键，在如图 1-27 所示的对话框中设置 "羽化半径" 为 5，完成后单击 "确定" 按钮。然后按 Ctrl+Shift+I 快捷键反选选区，如图 1-28 所示。

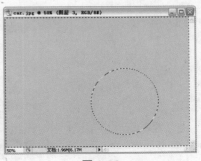

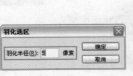

图 1-27　　　　　　　图 1-28

STEP 15 保持选区，单击图层 3 左边的眼睛图标 ，显示图层 3。单击蒙版进入蒙版编辑状态，这个非常重要，否则下面的操作就达不到预期的效果。然后按 Alt+Delete 快捷键填充黑色前景色，如图 1-29 所示。观察图像窗口，可以发现只有车胎金属图像处才有前面填充的蓝色图像。完成后按 Ctrl+D 快捷键取消选区，如图 1-30 所示。

图 1-29　　　　　　　图 1-30

STEP 16 修改图层3的混合模式为"叠加",设置"不透明度"为18%,如图1-31所示。使金属偏冷蓝色,以便使图像更真实,效果如图1-32所示。

图 1-31

图 1-32

STEP 17 双击背景图层,在弹出的"新建图层"对话框中保持默认参数,单击"确定"按钮,将背景图层变成普通图层,以便进行其他编辑。然后按住 Ctrl 键连续选择"图层"面板上的所有图层,如图1-33所示。再按 Ctrl+G 快捷键,将图层合并在一个图层组中,并对图层组重新命名为 car,如图 1-34 所示。

图 1-33

图 1-34

STEP 18 在图层组外新建一个图层,如图 1-35 所示。单击多边形套索工具,按住 Shift 键绘制直线的选区,在创建斜线时可释放 Shift 键,在图像窗口的上方创建一个选区。设置前景色为黑色,按 Alt+Delete 快捷键填充前景色。完成后按 Ctrl+D 快捷键取消选区,效果如图 1-36 所示。

图 1-35

图 1-36

STEP 19 单击文字工具,设置前景色为白色,然后在图像窗口中输入"急速体验。。。",完成后单击属性栏上的按钮,在如图 1-37 所示的"字符"面板中,适当设置文字的字体大小。这里需要单独选择"速",然后调整其大小,如图 1-38 所示,此时文字效果如图 1-39 所示。

图 1-37

图 1-38

图 1-39

STEP 20 对文字图层执行"图层 > 栅格化 > 文字"命令，对文字图层进行栅格化处理，文字图层变成普通图层，以便下面进行编辑，如图 1-40 所示。单击矩形选框工具，在文字"速"的位置创建一个矩形选区，如图 1-41 所示。

图 1-40

图 1-41

STEP 21 保持选区，执行"滤镜 > 模糊 > 动感模糊"命令，在如图 1-42 所示的对话框设置"距离"为 40 像素，"角度"为 0，完成后单击"确定"按钮。然后按 Ctrl+D 快捷键取消选区，如图 1-43 所示。

图 1-42

图 1-43

STEP 22 使用同样的方法对 3 个句号进行动感模糊处理，这里设置"距离"为 10 像素，如图 1-44 所示，效果如图 1-45 所示。

图 1-44

图 1-45

STEP 23 使用文字工具，参照图 1-46 输入英文字，这些文字都是为了丰富图像的整体结构，完成后将文字进行栅格化处理。最后选择所有的文字图层，按 **Ctrl+G** 快捷键合并在同一个图层组内，并将图层组命名为"文字"，如图 1-47 所示。

图 1-46

图 1-47

STEP 24 选择 car 图层组中的图层 0，执行"滤镜>渲染>光照效果"命令，参照图 1-48 设置参数后，对汽车图像进行光照效果处理，使图像的色调更完美，如图 1-49 所示。

图 1-48

图 1-49

制作提示：

动感模糊效果可以应用在很多动态环境中，左图中对整个背景都进行模糊处理，使图像的景深效果更自然，模拟真实的汽车运动效果。最后适当加入文字，丰富图像的整体效果。

光盘路径：

CD\chapter1\ 动感景深特效\complete\举一反三.psd

操作步骤

STEP 01 首先对汽车的背景应用模糊效果，使图像的背景产生动感效果，如图 1-50 所示。

图 1-50

STEP 02 运用选框工具加入黑色的边条，使图像的构图更紧凑，如图 1-51 所示。

STEP 03 适当加入文字，使图像效果更完整，如图 1-52 所示。

图1-51

图1-52

功能技巧归纳

1. 按 Ctrl+O 快捷键，弹出"打开"对话框；在工作区的灰色区中双击鼠标左键，也可以弹出"打开"对话框。

2. 运用裁切工具裁剪图像时，选择属性栏中的"透视"复选框，可以根据图像的透视关系拖曳编辑框的任意一角进行随意裁切，如图 1-53 所示；取消"透视"复选框的选择，则只能裁切出矩形形状的图像范围，如图 1-54 所示；在调整裁剪框的时候按下 Ctrl 键，可以帮助精确裁剪，如图 1-55 所示。

图 1-53

图 1-54

图 1-55

3. 使用椭圆选区工具创建选区时，经常不能一步到位就创建好，不用担心，还可以通过执行"选择>变换选区"命令，弹出一个编辑框，此时可以通过拖曳编辑框的控制点来调整选区的大小范围，如图 1-56、图 1-57 和图 1-58 所示。

图 1-56

图 1-57

图 1-58

4. 需要重新执行上一次滤镜效果时，按 **Ctrl+F** 快捷键可应用上一次设置的参数进行滤镜处理；按 **Ctrl+Alt+F** 快捷键可弹出上一次执行的滤镜对话框，以便重新设置参数。

5. 需要修改图层不透明度时，可以直接在小键盘中输入数值，但前提条件是没有进行其他操作，如选中图层混合模式、执行图层样式、正在使用某种工具时等。

6. 复制图层，可以单击需要复制的图层不放，光标成手形状态时，将其拖曳到"创建新图层"按钮 上，即可复制图层。删除图层时，将需要删除的图层拖曳到"删除图层"按钮 上，即可删除该图层。只单击"删除图层"按钮 ，会弹出提示对话框，提示是否确定要删除图层；按住 **Alt** 键再单击"删除图层"按钮 ，则直接删除图层，不会弹出提示对话框。

7. 填充颜色可以使用快捷键进行填充，按 **Alt+Delete** 快捷键填充前景色，按 **Ctrl+Delete** 快捷键填充背景色。按 **D** 键恢复"颜色"面板中为默认的颜色。

8. 执行"羽化"命令，可以直接按 **Ctrl+Alt+D** 快捷键。

9. 全选图像可以按 **Ctrl+A** 快捷键；取消选择可以按 **Ctrl+D** 快捷键；重新选择可以按 **Ctrl+Shift+D** 快捷键；反向选择可以按 **Ctrl+Shift+I** 快捷键。

10. 按住 **Ctrl** 键可以连续同时选择图层；选择一个起始图层，按住 **Shift** 键，再单击最后的图层，可以同时选择起始到末端之间的图层，这个方法适合同时选择很多连续图层；选择需要编组在一起的图层，按 **Ctrl+G** 快捷键，将选择的图层合并在一个图层组内。

02 怀旧版画

每次去旅游都会留下一些照片，每张照片都会唤起一份回忆，甜蜜的也好，伤感的也好，都为您的人生增添一份色彩。不妨用您心仪的照片制做怀旧的版画效果，将回忆变成另一种艺术。

🔲 **重要功能**："色阶"命令、"色彩平衡"命令、"木刻"滤镜、"便条纸"滤镜、图层混合模式、文字工具

🔲 **光盘路径**：CD\chapter1\怀旧版画\complete\怀旧版画.psd

操作步骤

STEP 01 按 Ctrl+O 快捷键，打开如图 1-59 所示的对话框，选择本书配套光盘中 chapter1\怀旧版画\media\ 船.jpg 文件，然后单击"打开"按钮，打开文件，如图 1-60 所示。

图 1-59

图 1-60

STEP 02 将背景图层拖曳到"图层"面板底部的"创建新图层"按钮 上，即可得到一个"背景副本"图层，如图 1-61 所示。然后对复制图层按 Ctrl+B 快捷键，参照图 1-62 调整图像的颜色，使图像的颜色更绿，完成后单击"确定"按钮，如图 1-63 所示。

图 1-61

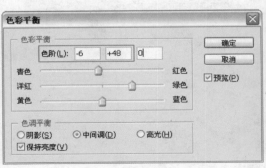

图 1-62

图 1-63

STEP 03 按 Ctrl+L 快捷键，弹出如图 1-64 所示的"色阶"对话框，适当调整参数，使图像的亮度和暗部更自然，完成后单击"确定"按钮，效果如图 1-65 所示。

图 1-64

图 1-65

STEP 04 对"背景副本"图层执行"滤镜>艺术效果>木刻"命令，参照图 1-66 设置参数后单击"确定"按钮，对图像进行木刻效果处理，如图 1-67 所示。

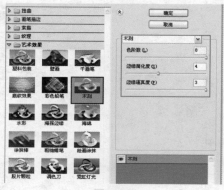

图 1-66

图 1-67

STEP 05 复制 3 次"背景副本"图层，按 D 键恢复"颜色"面板中默认的黑色。对背景图层执行"滤镜>素描>便条纸"命令，参照图 1-68 设置"图像平衡"为 7，"粒度"为 7，"凸现"为 9，完成后单击"确定"按钮。这里为了观察效果隐藏其他图层。完成效果如图 1-69 所示。

图 1-68

图 1-69

STEP 06 显示所有图层，然后选择"背景副本2"图层，按 Ctrl+Alt+F 快捷键，在弹出的"便条纸"对话框中设置"图像平衡"为20，其他参数保持不变，如图 1-70 所示。完成后单击"确定"按钮，此时的"图层"面板如图 1-71 所示。

图 1-70

图 1-71

STEP 07 使用相同的方法，继续对"背景副本3"图层和"背景副本4"图层应用"便条纸"命令，同样只需修改"图像平衡"参数。其中对"背景副本3"图层的"图像平衡"为30，"背景副本4"图层的"图像平衡"为40，如图 1-72 和图 1-73 所示。

图 1-72　　　　　　　　　图 1-73

STEP 08 完成后分别将"背景副本2"图层～"背景副本4"图层这3个图层的混合模式修改为"正片叠底"，如图 1-74～图 1-76 所示，完成效果如图 1-77 所示。

图 1-74

图 1-75

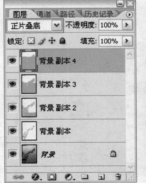

图 1-76

图 1-77

STEP 09 选择最上面的图层，执行"图层>新建调整图层>色阶"命令，在弹出如图 1-78 所示的对话框中，保持默认参数单击"确定"按钮后，会弹出如图 1-79 所示的"色阶"对话框，适当调整参数，可以调整所有图层的色调，这个命令区别于前面使用过的"色阶"命令。前面的"色阶"命令只对一个图层起作用。完成效果如图 1-80 所示。

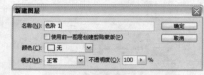

图 1-78

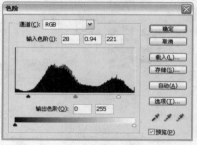

图 1-79

图 1-80

STEP 10 执行"图层>新建调整图层>色彩平衡"命令，弹出"新建图层"对话框，保持默认参数单击"确定"按钮后，弹出"色彩平衡"对话框，适当调整参数，如图 1-81 所示。可以调整图像的颜色，偏绿的效果更贴近主题图像。效果如图 1-82 所示。

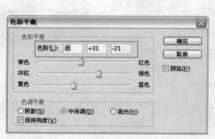

图 1-81

图 1-82

STEP 11 怀旧版画的大体效果制作完成后，下面为图像添加一些文字，使图像效果更丰富。使用文字工具在图像窗口中输入 Memoirs。完成后可以单击属性栏上的 按钮，适当调整文字的大小和字体，如图 1-83 和图 1-84 所示。

图 1-83

图 1-84

STEP 12 继续使用文字工具，输入其他文字，或者自己的签名，当然也可以根据自己的需求添加需要的文字效果，如图1-85所示。完成后同时选择所有文字图层，然后按Ctrl+G快捷键，将文字图层组合在一个图层组中，并命名为"文字"，如图1-86所示。

图 1-85

图 1-86

STEP 13 完成后在其中一个文字图层上单击鼠标右键，在弹出的快捷菜单中选择"栅格化文字"，如图1-87所示，将文字图层转换为普通图层，以便打开时不会因为文字格式没有而影响图像效果。使用相同的方法依次为其他文字图层进行栅格化处理，如图1-88所示。

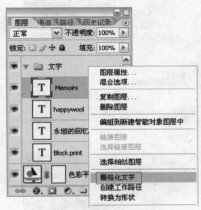

图 1-87

图 1-88

📷 **制作提示：**

"便条纸"滤镜不仅可以用于制作版画效果，还可以制作一些简单的剪贴纸效果。首先使用椭圆选框工具创建正圆选区，对选区填充不同的深浅颜色后，应用"便条纸"滤镜制作纹理效果。完成后适当进行复制，然后排列位置。最后添加适当的文字即可。

💿 **光盘路径：**

CD\chapter1\怀旧版画\complete\举一反三.psd

操作步骤

STEP 01 新建一个图形文件，对背景图层填充灰色，如图1-89所示。

STEP 02 使用矩形选框工具和"便条纸"滤镜制作一个圆形的平面纹理图案，如图1-90所示。

STEP 03 使用"复制"命令和"自由变换"命令，调整复制图像的大小和位置，使图像的构图更完整，如图1-91所示。

图1-89

图1-90

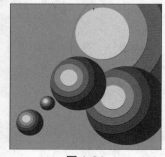

图1-91

STEP 04 再复制一个圆形图形，并适当放置在最大圆形的空白处。然后调整图像颜色，如图1-92所示。

STEP 05 单击"新建调整图层"命令中的"色相/饱和度"命令。使图像的颜色更丰富，如图1-93所示。

STEP 06 为黑白的图像添加颜色，最后适当输入文字，如图1-94所示。

图1-92

图1-93

图1-94

功能技巧归纳

1. 执行"色彩平衡"命令，可按 Ctrl+B 快捷键。

2. 执行"色阶"命令，可按 Ctrl+L 快捷键。

3. 在使用混合模式时，有些效果是无法想象的，可以单击混合模式，呈灰色状时，通过按下键盘上的上下方向键来观察效果。

4. "新建调整图层"命令是一个独立的图层调整命令，这个调整命令可以对该图层之下的所有图层起作用，适用于需要同时运用某种调整命令的时候，如果只想对某个图层进行调整，则使用"图像>调整"中的命令即可。

5. "栅格化文字"命令是一个将文字图层转换为一般图层的命令，栅格化以后可以对文字图层进行任何编辑操作，不再受到限制。但是栅格化之前需确定文字的字体样式是否合适。

03 矢量化图像

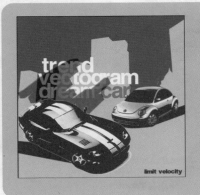

矢量化图像一般都是在矢量软件中生成，巧妙运用颜色调整命令和图层混合模式，将背景和主题汽车组合在一起。适当运用颜色对比加强图像的对比效果，同样也能在 Photoshop 中制作矢量化图像。

重要功能："色阶"命令、"色彩平衡"命令、"色相/饱和度"命令、"阈值"命令、文字工具、画笔工具

光盘路径：CD\chapter1\矢量化图像\complete\矢量化图像.psd。

操作步骤

STEP 01 按 Ctrl+O 快捷键，打开如图 1-95 所示的对话框，选择本书配套光盘中 chapter1\ 矢量化图像 \media\ 车 1.jpg 文件和甲壳虫.jpg 文件，然后单击"打开"按钮，打开文件，如图 1-96 和图 1-97 所示。

图 1-95

图 1-96

图 1-97

STEP 02 按 Ctrl+N 快捷键，打开"新建"对话框，设置名称为"矢量化图像"，具体参数设置如图 1-98 所示，完成后单击"确定"按钮，创建一个新的图形文件。

图 1-98

图 1-99

STEP 03 选择"车1.jpg"文件，单击魔棒工具 ，在属性栏中单击"新选区"按钮，并设置"容差"为10，如图1-99所示。然后在"车1.jpg"文件的白色背景处单击，创建选区，如图1-100所示，完成后按Ctrl+Shift+I快捷键反选选区，如图1-101所示。

图 1-100

图 1-101

STEP 04 选择移动工具 ，将选区内的图像拖曳到"矢量化图像"文件中，自动生成图层1，如图1-102所示。完成后可关闭"车1.jpg"文件，此时的"图层"面板如图1-103所示。

图 1-102

图 1-103

STEP 05 对图层1按Ctrl+T快捷键，在汽车图像周围显示一个编辑框，按住Shift键的同时，拖曳编辑框角上的节点，放大图像，如图1-104所示。完成后按Enter键确定编辑。再使用移动工具 适当微调位置，如图1-105所示。

图 1-104

图 1-105

STEP 06 选择"甲壳虫.jpg"文件，继续使用魔棒工具 ，单击属性栏上的"添加到选区"按钮 ，依次单击在图像窗口中车身周围的背景图像，创建选区，如图1-106所示。连续创建，注意中间很细的白色图像也要同时选取在内。完成后反选选区，如图1-107所示。

图 1-106

图 1-107

STEP 07 选择移动工具 ▶⊕，将选区内的图像拖曳到"矢量化图像"文件中，自动生成图层 2。并适当调整一下图像的位置，完成后可关闭"甲壳虫.jpg"文件，如图 1-108 所示，此时的"图层"面板如图 1-109 所示。

图 1-108　　　　　　　　　图 1-109

STEP 08 选择图层 1，执行"图像>调整>色阶"命令，打开如图 1-110 所示的对话框，适当调整暗部的参数，使图像更暗一些。完成后单击"确定"按钮，如图 1-111 所示。

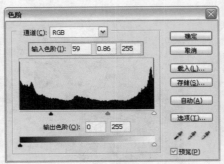

图 1-110　　　　　　　　　图 1-111

STEP 09 复制图层 1，对"图层 1 副本"图层执行"图像>调整>阈值"命令，打开如图 1-112 所示的对话框，适当设置参数后，单击"确定"按钮，效果如图 1-113 所示。

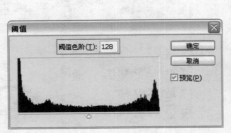

图 1-112　　　　　　　　　图 1-113

STEP 10 修改"图层 1 副本"图层的混合模式为"正片叠底"，如图 1-114 和图 1-115 所示。

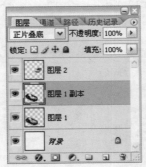

图 1-114　　　　　　　　　图 1-115

STEP 11 再次复制图层 1，将"图层 1 副本 2"图层拖曳到图层 2 的下层，如图 1-116 所示。然后按住 Ctrl 键单击"图层 1 副本 2"的缩略图，重新载入图像选区，如图 1-117 所示。

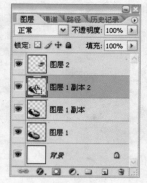

图 1-116　　　　　图 1-117

STEP 12 保持选区，单击颜色调整中的前景色，打开如图 1-118 所示的对话框，在其中拾取一个颜色值。完成后按 Alt+Delete 快捷键，对选区填充前景色。完成后按 Ctrl+D 快捷键取消选区，如图 1-119 所示。

图 1-118　　　　　图 1-119

STEP 13 修改"图层 1 副本 2"图层的混合模式为"滤色"，如图 1-120 所示，完成效果如图 1-121 所示。

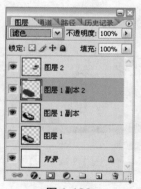

图 1-120　　　　　图 1-121

STEP 14 观察图像，蓝色感觉不是很突出和时尚，可以适当调整一下图像的色调。选择图层 1，执行"图像>调整>色相/饱和度"命令，或者按 Ctrl+U 快捷键，打开如图 1-122 所示的对话框，适当调整色相值，完成后单击"确定"按钮，如图 1-123 所示。

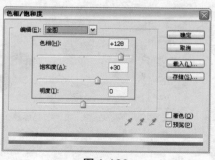

图 1-122　　　　　图 1-123

STEP 15 完成后选择图层 2，先按 Ctrl+L 快捷键，打开如图 1-124 所示的对话框，调整图像的暗部色调，如图 1-125 所示。

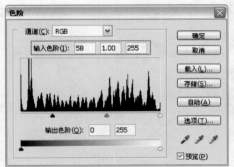

图 1-124

图 1-125

STEP 16 复制图层 2，然后对"图层 2 副本"图层执行"图像>调整>阈值"命令，打开如图 1-126 所示的对话框，设置参数后单击"确定"按钮，效果如图 1-127 所示。然后修改"图层 2 副本"图层的混合模式为"正片叠底"。

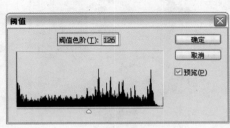

图 1-126

图 1-127

STEP 17 复制图层 2，将"图层 2 副本 2"拖曳到最顶层，然后重新载入"图层 2 副本 2"的图像选区，然后对选区填充前面填充的颜色，并修改该图层的混合模式为"滤色"，如图 1-128 和图 1-129 所示。

图 1-128

图 1-129

STEP 18 完成后也可以适当调整图层 2 的颜色，按 Ctrl+U 快捷键，打开如图 1-130 所示的对话框，适当调整色相值，完成后单击"确定"按钮，效果如图 1-131 所示。

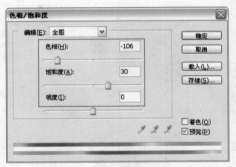

图 1-130

图 1-131

STEP 19 汽车图像制作完成后，还需要制作背景图像。按Ctrl+O快捷键，打开本书配套光盘中chapter1\矢量化图像\media\背景.psd文件，如图1-132所示。然后使用移动工具将制作好的背景图像拖曳到"矢量化图像"文件中，如图1-133所示。

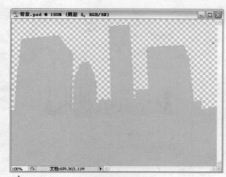

图 1-132

图 1-133

STEP 20 单击前景色的色标，在弹出的"拾色器"对话框中选择前景色为#626262，然后对最下面的背景图层进行填充，如图1-134和图1-135所示。

图 1-134

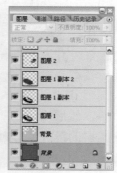

图 1-135

STEP 21 图像的大致元素已经完成，下面适当微调图像。设置前景色为#444547，然后单击画笔工具✐，在汽车的底部涂抹，增加阴影效果，如图1-136和图1-137所示。

图 1-136

图 1-137

STEP 22 分别链接图层1及其副本图层、图层2及副本图层，并适当调整位置。然后将图层2及副本图层拖曳到图层1及副本图层的下层。如图1-138和图1-139所示。

图 1-138

图 1-139

STEP 23 单击文字工具 ，在图像窗口中输入相应的文字，并调整文字的位置和大小，如图 1-140 所示。完成后对文字图层进行栅格化处理，此时的"图层"面板如图 1-141 所示。

图 1-140　　　　　图 1-141

STEP 24 新建图层 3，设置前景色为＃5583aa，单击画笔工具 ，选择如图 1-142 所示的画笔，然后在文字图像周围涂抹，完成后将该图层 3 的混合模式修改为"正片叠底"，效果如图 1-143 所示。

图 1-142　　　　　图 1-143

STEP 25 最后适当微调一下文字，将 car 文字修改为红色（＃f80d6b）。然后在图像的右下角输入一排文字，丰富图像效果，如图 1-144 所示。

图 1-144

制作提示：

"阈值"命令是调整矢量图像效果的一个好工具，可以将矢量效果运用到人像上，用"色阶"命令调整照片的黑白灰关系。然后复制图层，对复制图层应用"阈值"命令来调整，最后再为图像加上单色，适当修改图层的混合模式即可。

光盘路径：

CD\chapter 1\矢量化图像\complete\举一反三.psd

操作步骤

STEP 01 使用"颜色调整"命令（色阶、亮度／对比度等）适当调整图像的色调，如图1-145所示。

STEP 02 复制步骤1调整的图层，并对复制图层应用"阈值"命令，使图像呈黑白对比色，如图1-146所示。

STEP 03 新建一个图层，并填充蓝色。然后修改图层的混合模式，使图像产生矢量效果，如图1-147所示。

图 1-145

图 1-146

图 1-147

功能技巧归纳

1. 执行"新建"命令，可按 Ctrl+N 快捷键；保持上一次设置的参数再新建文件时，按 Ctrl+Alt+N 快捷键。

2. 魔棒工具 可用来选择图像中颜色相同或相似的不规则区域。"容差"值可控制选定颜色的相似范围的大小，数值越大，颜色区域越广，根据颜色的范围有效地修改容差值，可以使选取的操作变得简单，如图 1-148 和图 1-149 所示分别为"容差"为 10 和"容差"为 50 的选取效果。选择"连续"复选框，则只选择与单击点相连的同色区域，如图 1-150 所示；未勾选时，将整幅图像中符合要求的色域全部选中，如图 1-151 所示。

图 1-148

图 1-149

图 1-150

图 1-151

3. 对图像进行自由变换处理时，按 Ctrl+T 快捷键，显示自由变换编辑框，将鼠标指针移到变换框中变成▶形状时，拖曳鼠标即可移动变形的图像。如图 1-152 所示为要进行变换的图，按住 Shift 键并拖曳变换框 4 个角的控制点，即可对图形进行等比例缩放，如图 1-153 所示。按住 Alt 键并拖曳变换框边线上的控制点，将以图形的中心点为中心来对图形进行缩放；若按住 Shift+Alt 键拖曳变换框 4 个角的控制点，将以图形中心点为中心等比例缩放，如图 1-154 所示。

图 1-152   图 1-153   图 1-154

4. 将鼠标指针靠近变换框上的控制点，此时鼠标指针会变成 ↻ 形状，拖曳控制点即可旋转所选取的图像，如图 1-155 所示。将光标靠近变换框 4 个角的控制点，在鼠标指针变成 ▶ 形状时按住并拖曳控制点，可以单方向倾斜图形，如图 1-156 所示。按住 Ctrl 键，将鼠标指针靠近变换框上的控制点，在鼠标指针变成 ▶ 形状后拖曳控制点，即可对图像进行自由的扭曲变形，如图 1-157 所示。按住 Ctrl+Alt+Shift 快捷键，将鼠标指针靠近变换框的控制点，在鼠标指针变成 ▶ 形状时拖曳控制点，即可在水平或垂直方向上对图像进行透视变形，如图 1-158 所示。

图 1-155   图 1-156   图 1-157   图 1-158

5. 调整图层排列顺序时，选择需要调整的图层，按 Ctrl+]快捷键可上移一个图层，按 Ctrl+[快捷键可下移一个图层，按 Ctrl+Shift+]快捷键可将当前图层置于最顶层，按 Ctrl+Shift+[快捷键可将当前层移到最下层。

6. 要执行"色相/饱和度"命令，可按 Ctrl+U 快捷键。

04 彩块图像时尚加工

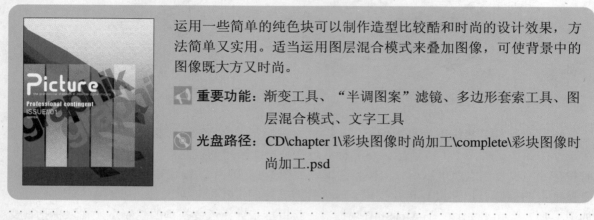

运用一些简单的纯色块可以制作造型比较酷和时尚的设计效果，方法简单又实用。适当运用图层混合模式来叠加图像，可使背景中的图像既大方又时尚。

重要功能：渐变工具、"半调图案"滤镜、多边形套索工具、图层混合模式、文字工具

光盘路径：CD\chapter 1\彩块图像时尚加工\complete\彩块图像时尚加工.psd

操作步骤

STEP 01 按 Ctrl+N 快捷键，打开"新建"对话框，设置名称为"彩块图像时尚加工"，具体参数设置如图 1-159 所示，完成后单击"确定"按钮，创建一个新的图形文件。

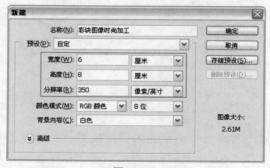

图 1-159

STEP 02 单击"图层"面板底部的"创建新图层"按钮，创建一个新的图层。单击前景色图标，在弹出的"拾色器"对话框中选择紫色（# 4c0f7b），设置背景色为白色。单击渐变工具，在属性栏中选择从前景到背景的渐变填充样式，如图 1-160 所示。

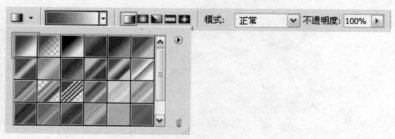

图 1-160

STEP 03 设置好渐变颜色后，在图像窗口中从下到上进行渐变填充，如图1-161和图1-162所示。

图1-161　　　　　　　　　图1-162

STEP 04 对图层1执行"滤镜>素描>半调图案"命令，打开如图1-163所示的对话框，设置"大小"为2，"对比度"为14，"图案类型"为"网点"，完成后单击"确定"按钮，对背景图像进行特殊处理，如图1-164所示。

图1-163　　　　　　　　　图1-164

STEP 05 下面制作彩块图像。单击"图层"面板中的"创建新组"按钮，创建一个图层组，接下来的图层都在这个图层组内创建，方便管理图层。在组1中新建图层2。单击多边形套索工具，在图像窗口中创建一个多边形选区。设置背景色为# dc0ca2后，按Alt+Delete快捷键对选区填充颜色，完成后按下Ctrl+D快捷键取消选区。如图1-165和图1-166所示。

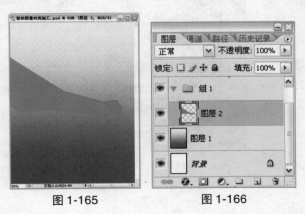

图1-165　　　　　　　　　图1-166

STEP 06 修改图层2的混合模式为"正片叠底",图像效果如图1-167所示。此时的"图层"面板如图1-168所示。

图 1-167

图 1-168

STEP 07 使用相同的方法,新建图层后,使用多边形套索工具在图像窗口中创建选区,并填充相同的颜色,完成后修改混合模式为"正片叠底"。造型可以适当调整,参考图1-169来完成。此时的"图层"面板如图1-170所示。

图 1-169

图 1-170

STEP 08 新建图层13,使用矩形选框工具在图像窗口创建一个矩形选区。然后使用渐变工具对选区进行线性渐变填。前景色可以设置为 # dc0ca2,背景色为白色,渐变方向从右下角到左上角,如图1-171和图1-172所示。

图 1-171

图 1-172

STEP 09　复制图层 13，并适当移动位置。然后在按住 Ctrl 键的同时，单击"图层 13 副本"的缩略图，重新载入"图层 13 副本"图层的选区。使用渐变工具对选区进行填充，可以适当改变渐变方向，使图像有点变化，如图 1-173 和图 1-174 所示。

图 1-173　　　　　　　　图 1-174

STEP 10　使用同样的方法复制 3 个矩形，调整位置后适当修改渐变方向，完成后修改图层的不透明度，如图 1-175 和图 1-176 所示。

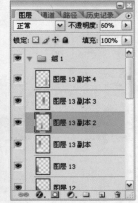

图 1-175　　　　　　　　图 1-176

STEP 11　选择"图层 13 副本 4"，按 4 次 Ctrl+E 快捷键，合并图层 13 及其副本图层，然后对合并图层执行"滤镜>素描>半调图案"命令，打开"半调图案"对话框，参数设置如图 1-177 所示，效果如图 1-178 所示。

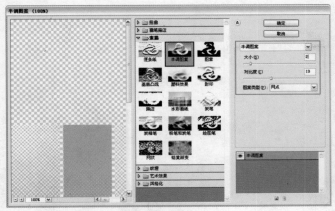

图 1-177　　　　　　　　　　图 1-178

STEP 12 接下来为图像添加适当的文字，也可以把文字图层组合在一个图层组中。首先制作底纹文字，单击文字工具，输入文字后，适当调整文字的大小和位置，对文字图层进行栅格化处理，并修改文字图层的混合模式为"叠加"。完成后复制一次文字图层，修改复制图层的混合模式为"差值"，适当为图像加入冷调。如图 1-179 和图 1-180 所示。

图 1-179

图 1-180

STEP 13 为图像再添加其他文字，使图像效果更丰富，如图 1-181 和图 1-182 所示。

图 1-181

图 1-182

STEP 14 最后微调一下图像。通过修改组 1 中图层 13 的混合模式，这里修改为"强光"，使图像更亮，如图 1-183 和图 1-184 所示。

图 1-183

图 1-184

制作提示：
设计中构图是一个很重要的因素，像这种自由发挥创作的效果，需要很强烈的构图关系才能引起视觉的冲击效果，要求能动性比较强。这里换了一些构图，并适当修改和添加背景中的彩块效果。然后使用"新建调整图层"中的"色彩平衡"命令为图像重新换一种颜色。最后适当改变文字的排列方式即可。当然还可以根据自己的审美观和喜好进行调整。

光盘路径：
CD\chapter 1\彩块图像时尚加工\complete\举一反三.psd

操作步骤

STEP 01 使用渐变工具和"半调图案"滤镜制作背景图像，如图1-185所示。

STEP 02 使用多边形套索工具创建不规则图案，并修改该图层组的图层混合模式为"正片叠底"，效果如图1-186所示。

STEP 03 使用"新建调整图层"命令中的"色彩平衡"命令，将图像调整为适合的颜色，如图1-187所示。

图1-185

图1-186

图1-187

STEP 04 使用矩形选框工具和渐变工具为图像添加几个矩形图像，并修改图层的混合模式为"强光"，效果如图1-188所示。

STEP 05 最后为图形添加适当的说明文字，增强图像的整体效果，如图1-189所示。

图1-188

图1-189

功能技巧归纳

1. 多边形套索工具可以
创建不规则的多边形选区，
在创建选区时，按住Shift键
可以成直线状态进行创建，
如图1-190所示；按住Ctrl+
Shift键可以沿45°的斜线进行
创建，如图1-191所示。

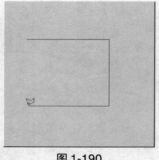
图 1-190

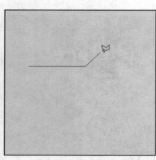
图 1-191

2. 对创建的选区还可以
进行增选和减选，按住Shift键
可以在原选区的基础上添加选
区范围，如图1-192所示；按
住Alt键可以在原选区的基础
上减小选区范围，如图1-193
所示。该技巧对所有的选框
工具都有效。

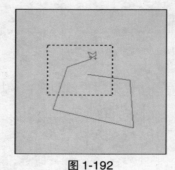
图 1-192

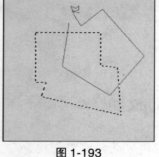
图 1-193

3. 向下合并图层或合并图
层组内的所有图层，可按
Ctrl+E快捷键；合并可见图
层，可按Ctrl+Shift+E快捷键。

05 彩铅艺术化

彩铅艺术总是给人一种干净、纯洁的感觉。在 Photoshop 中可以直接将一般的图像处理成彩铅效果，效果逼真且富有童趣色彩。

重要功能："曲线"命令、"影印"滤镜、渐变工具、图层混合模式、"描边"命令、文字工具

光盘路径：CD\chapter1\彩铅艺术化\complete\彩铅艺术化.psd

操作步骤

STEP 01 按 Ctrl+O 快捷键，打开如图 1-194 所示的对话框，选择本书配套光盘中 chapter 1\彩铅艺术化\media\建筑.jpg 文件，然后单击"打开"按钮，打开文件，如图 1-195 所示。

图 1-194

图 1-195

STEP 02 将背景图层拖曳到"图层"面板中的"创建新图层"按钮 上，复制一个背景图层。然后对"背景副本"图层执行"图像>调整>曲线"命令，或者按 Ctrl+M 快捷键，弹出"曲线"对话框，参照图 1-196～图 1-199 调整 4 个通道的参数，调整图像的亮度。效果如图 1-200 所示。

图 1-196

图 1-197

图 1-198

图 1-199   图 1-200

STEP 03 设置前景色为 # b0b636，背景色为白色，然后执行"滤镜>素描>影印"命令，打开如图 1-201 所示的对话框，设置参数后建筑物呈单色效果，如图 1-202 所示。

图 1-201   图 1-202

STEP 04 复制"背景副本"图层。单击渐变工具，在属性栏上单击渐变颜色条，弹出"渐变编辑器"对话框，单击"载入"按钮，在弹出的"载入"对话框中选择"杂色样本"，如图 1-203 所示，单击"载入"按钮，然后选择如图 1-204 所示的渐变样式。

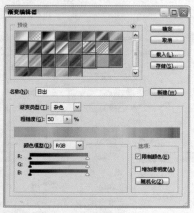

图 1-203   图 1-204

STEP 05 在渐变工具的属性栏中设置"模式"为"叠加"。完成设置后在图像窗口从上到下进行线性渐变填充，效果如图 1-205 所示。完成房屋素材的制作，执行"文件 > 存储为"命令，在弹出的"存储为"对话框中设置文件名和文件格式，如图 1-206 所示。将文件保存在指定位置。

图 1-205

图 1-206

STEP 06 按Ctrl+O快捷键，打开本书配套光盘中chapter 1\彩铅艺术化 \media\ 花.jpg 文件。然后单击矩形选框工具 ，在"花"窗口中创建矩形选区，如图 1-207 所示。

图 1-207

STEP 07 按Ctrl+N快捷键，打开"新建"对话框，设置名称为"彩铅艺术化"，具体参数设置如图 1-208 所示，完成后单击"确定"按钮，创建一个新的图形文件。然后使用移动工具 将步骤7创建的选区中的图像拖曳到新建的文件中，如图 1-209 所示。

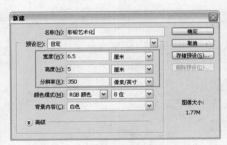
图 1-208

图 1-209

STEP 08 对图层1按Ctrl+T快捷键，适当调整图像的大小，完成后按Enter键，如图 1-210 所示。新建一个图层，载入图层1的选区并填充步骤4使用的渐变色，如图 1-211 所示。

图 1-210

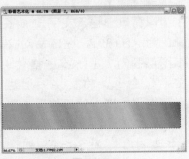
图 1-211

STEP 09 修改图层 2 的图层混合模式为"滤色",效果如图 1-212 所示。选择图层 2,按 Ctrl+E 快捷键,向下合并这两个图层。新建一个图层,放置在图层 1 的下层。重新载入图层 1 的选区,并对选区填充红色(# ff002f)。完成后按 Ctrl+D 快捷键取消选区,如图 1-213 所示。

图 1-212

图 1-213

STEP 10 修改图层 1 的图层混合模式为"亮度",效果如图 1-214 所示。

图 1-214

STEP 11 新建图层 3,载入图层 1 的图像选区,然后执行"编辑>描边"命令,打开如图 1-215 所示的对话框,设置"宽度"为 5px,"颜色"为粉红色(# ff859c),完成后单击"确定"按钮,取消选区,效果如图 1-216 所示。

图 1-215

图 1-216

STEP 12 单击文字工具 T,在图像窗口中输入文字,文字颜色为 # ff133f,完成后对文字图层执行"图层>栅格化>文字"命令,将文字图层进行栅格化处理,然后修改文字图层的混合模式为"强光","不透明度"为 50%,如图 1-217 所示,效果如图 1-218 所示。

图 1-217

图 1-218

STEP 13 使用文字工具输入一些辅助文字，使图像的整体效果更完整，如图 1-219 所示。同样把文字图层进行栅格化处理，如图 1-220 所示。

图 1-219

图 1-220

STEP 14 最后将前面制作好的建筑素材文件打开，并将最终效果的图层拖曳到"彩铅艺术化"文件中。将建筑图像的图层放置在背景图层上面，并适当调整图像的大小和位置。最后使用裁切工具 修改图像的宽度，完成实例的最终效果，如图 1-221 所示。

图 1-221

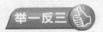

制作提示：

运用建筑外墙的简单元素，还可以制作一些其他效果。首先设置前景色，再运用"影印"滤镜，使建筑外墙的边缘产生单色铅笔效果。然后复制处理后的图像，并新建一个图层，对图层进行渐变填充，修改新图层的混合模式后，合并复制的图层和新图层。最后修改合并图层的混合模式为"差值"即可。

光盘路径：

CD\chapter1\彩铅艺术化\complete\举一反三.psd

操作步骤

STEP 01 打开需要处理的图像，如图 1-222 所示。

STEP 02 设置前景色为深红色，运用"影印"滤镜，使建筑外墙的边缘产生单色铅笔效果，如图 1-223 所示。

图 1-222

图 1-223

STEP 03 复制处理后的图像，并新建一个图层，对图层进行渐变填充，合并复制图层和新图层，效果如图 1-224 所示。

STEP 04 修改合并图层的混合模式为"差值"，产生夜景的效果，如图 1-225 所示。

STEP 05 加入文字，完成图像的制作，如图 1-226 所示。

图 1-224

图 1-225

图 1-226

功能技巧归纳

1. 在"曲线"对话框中，按 Ctrl+~ 快捷键可切换到 RGB 通道，按 Ctrl+1 快捷键可切换到红通道，按 Ctrl+2 快捷键切换到绿通道，按 Ctrl+3 快捷键可切换到蓝通道。

2. "影印"滤镜会受前景色和背景色的影响，在运用滤镜之前，要先调整为需要的颜色，否则达不到预期的效果。

3. 渐变工具自带了很多渐变样式，可以直接单击属性栏上的渐变颜色条，弹出渐变样式预置面板，然后单击右上角的三角按钮⊙，在弹出的下拉列表中列出了 8 种类型的渐变样式，如图 1-227 所示，选择其中任意一个，即可载入新的渐变样式。

图 1-227

4. 及时保存文件是设计时的一个好习惯，可以避免因意外原因丢失文件数据。保存当前图像，可按 Ctrl+S 快捷键；另存当前图像，可按 Ctrl+Shift+S 快捷键。

06 星空图

深夜的星星总是给人神秘深邃的感觉，有星星的星空更加迷人。在 Photoshop 的世界中，可以为您的每个夜晚都增添一些星星。巧妙地运用画笔工具和滤镜，可以轻松制作星空图。

重要功能：矩形选框工具、"影印"滤镜、图层混合模式、画笔工具、"蒙版"命令、文字工具

光盘路径：CD\chapter 1\星空图\complete\星空图.psd

操作步骤

STEP 01 按 Ctrl+O 快捷键，打开如图 1-228 所示的对话框，选择本书配套光盘中 chapter 1\ 星空图 \media\ 建筑.jpg 文件，然后单击"打开"按钮，打开文件，如图 1-229 所示。

图 1-228

图 1-229

STEP 02 单击矩形选框工具，在图像窗口中创建如图 1-230 所示的图像选区，按 Ctrl+J 快捷键将选区内的图像复制到新图层中，如图 1-231 所示。

图 1-230

图 1-231

STEP 03 按 Ctrl+N 快捷键，打开"新建"对话框，设置名称为"星空图"，具体参数设置如图 1-232 所示，完成后单击"确定"按钮，创建一个新的图形文件。然后使用移动工具 将步骤 2 创建的图层 1 拖曳到这个新创建的文件中，如图 1-233 所示。

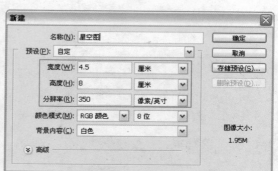

图 1-232

图 1-233

STEP 04 对图层 1 按 Ctrl+T 快捷键，适当调整图像的大小和位置，然后按 Enter 键完成操作，如图 1-234 所示。选择魔棒工具 ，在属性栏设置"容差"为 50，然后在图像中蓝色的天空处单击鼠标，即可创建选区，如图 1-235 所示。

图 1-234

图 1-235

STEP 05 完成初步的选取后，按 Ctrl+ + 快捷键，放大图像，观察图像中一些细节部分是否选取完成，按住 Shift 键单击图像区域可加选选区，按住 Alt 键单击图像区域可减选选区，如图 1-236 和图 1-237 所示。

图 1-236

图 1-237

STEP 06 完成后执行"选择>羽化"命令，或者按 Ctrl+Alt+D 快捷键，打开如图 1-238 所示的对话框，设置"羽化半径"为 1，完成后单击"确定"按钮。然后按 Delete 键删掉选区内的图像，如图 1-239 所示。完成后取消选区。

图 1-238

图 1-239

STEP 07 单击橡皮擦工具 ，对图像中残存的蓝色线条进行涂抹，擦掉多余的图像，如图 1-240 所示。新建一个图层 2，设置前景色为 # e20919，背景色为 # e8731b，选择渐变工具，对新图层从左上角到右下角进行线性渐变填充，如图 1-241 所示。

图 1-240　　　　　　图 1-241

STEP 08 将图层2拖曳到图层1的下面。单击多边形套索工具，沿建筑物边缘多出的树叶图像创建选区，如图 1-242 所示。完成后按 Ctrl+J 快捷键将选区内的图像复制到新图层，然后删掉图层 1 中多出的树叶图像，如图 1-243 所示。这里为了观察效果，隐藏图层 3。

图 1-242　　　　　　图 1-243

STEP 09 设置前景色为 # cccccc，背景色为白色，对图层 1 执行"滤镜>素描>影印"命令，打开如图 1-244 所示的对话框，适当设置参数，完成效果如图 1-245 所示。

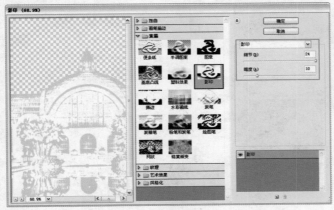

图 1-244　　　　　　　　　　　　图 1-245

STEP 10 如图 1-246 所示，修改图层 1 的混合模式为"正片叠底"。效果如图 1-247 所示。

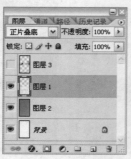

图 1-246

图 1-247

STEP 11 复制图层 1，然后修改图层 1 副本的混合模式为"叠加"，修改"不透明度"为 35％，如图 1-248 所示，效果如图 1-249 所示。

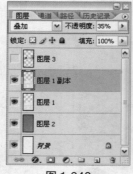

图 1-248

图 1-249

STEP 12 新建图层 4，并填充颜色（＃290605），单击"图层"面板底部的"添加图层蒙版"按钮，为图层 4 添加图层蒙版。然后载入图层 1 的选区，对蒙版填充黑色，观察图像，建筑图像被显示出来，如图 1-250 所示。此时的"图层"面板如图 1-251 所示。

图 1-250

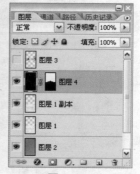

图 1-251

STEP 13 取消选区后，重新载入图层 3 的选区，然后继续在图层蒙版中填充黑色，树叶的轮廓被显示出来。如图 1-252 所示。完成后取消选区，此时的"图层"面板如图 1-253 所示。

图 1-252

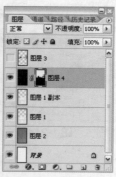

图 1-253

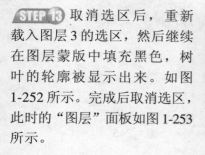

STEP 14 新建图层 5，设置前景色为白色，单击画笔工具 ，在属性栏中选择画笔大小，如图 1-254 所示。然后在图像窗口的天空部分单击。可以通过按 [和] 键来放大和缩小画笔的直径，完成效果如图 1-255 所示。

图 1-254

图 1-255

STEP 15 最后微调一下图像，选择"图层 1 副本"，然后按 Ctrl+L 快捷键，打开如图 1-256 所示的对话框，然后适当调整图像的颜色，如图 1-257 所示。

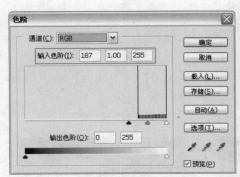

图 1-256

图 1-257

STEP 16 新建图层 6，设置前景色为绿色（＃52a06b）。然后单击画笔工具 ，选择如图 1-258 所示的画笔，适当设置大小。在图像窗口的底部绘制草叶的图案。完成后修改图层混合模式为"色相"，设置"不透明度"为 35％，如图 1-259 所示。

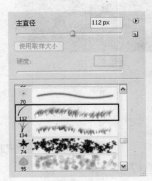

图 1-258

图 1-259

STEP 17 单击文字工具 ，在图像上添加文字，使图像效果更丰富。完成星空图的制作，如图 1-260 所示。

图 1-260

举一反三

制作提示：

前面制作的是单色的星星，为了加强效果，偶尔可以适当夸张一下，适当改变前景色，使用画笔工具喷出彩色的星星，然后适当修改画笔大小，使星星有大小之分。

光盘路径：

CD\chapter 1\星空图\complete\举一反三.psd

操作步骤

STEP 01 打开需要处理的图像，如图 1-261 所示。

STEP 02 使用多种调整命令，调整图像的色调，使颜色饱和度更强，如图 1-262 所示。

STEP 03 使用画笔工具，调整星星的画笔状态，然后调整前景色，为星空添加星星，如图 1-263 所示。

图 1-261

图 1-262

图 1-263

功能技巧归纳

1. 将选区内的图像复制到新图层时，可以直接按 Ctrl+J 快捷键，如图 1-264 所示的为创建的选区，"图层"面板如图 1-265 所示。将选区通过剪切的方式新建一个图层，按 Ctrl+Shift+J 快捷键，剪切以后，底图中会刚好缺少选区那块图像，如图 1-266 所示。

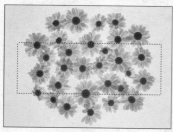

图 1-264

图 1-265

图 1-266

2. 按 Ctrl+ + 快捷键，可放大图像；按 Ctrl+- 快捷键，可缩小图像。

3. 图层蒙版像一种透明的模板，覆盖在图像上保护被遮蔽的区域，而且只允许对未被遮蔽的区域进行编辑处理。图层蒙版用来控制图层中的部分区域被遮蔽还是显示，通过修改图层蒙版，可以对图层的显示范围进行编辑，而不影响图层的像素。对图 1-267 所示的图像应用蒙版后的效果如图 1-268 所示，对应的图层面板如图 1-269 所示。

图 1-267　　　　　　　　图 1-268　　　　　　　　图 1-269

4. 可以通过按 [或] 键来放大或缩小画笔的直径。这个技巧在绘图过程中非常实用。

07 压纹图像

巧妙运用"通道"命令，结合"斜面和浮雕"图层样式，可以轻松制作出压纹效果。方法简单而且效果更自然。利用这个方法还可以制作其他的压纹效果。

重要功能： "彩色半调"滤镜、通道、"斜面和浮雕"图层样式、文字工具、魔棒工具

光盘路径： CD\chapter 1\压纹图像\complete\压纹图像.psd

操作步骤

STEP 01 按Ctrl+O快捷键，打开如图1-270所示的对话框，选择本书配套光盘中chapter 1\压纹图像\media\ 花.jpg 文件，然后单击"打开"按钮，打开文件，如图1-271所示。

图 1-270

图 1-271

STEP 02 新建图层1，单击"颜色"面板中的前景色，在弹出的"拾色器"对话框中设置灰色，然后按Alt+Delete键对图层1进行填充，如图1-272所示。

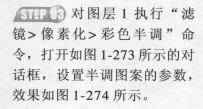

图 1-272

STEP 03 对图层1执行"滤镜>像素化>彩色半调"命令，打开如图1-273所示的对话框，设置半调图案的参数，效果如图1-274所示。

图 1-273

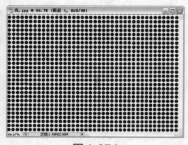

图 1-274

STEP 04 选择图层 1，切换到"通道"面板中，复制"蓝"通道，如图 1-275 所示。然后对"蓝副本"通道按 Ctrl+I 快捷键，进行反相处理，如图1-276 所示。

图 1-275　　　　　　图 1-276

STEP 05 按住 Ctrl 键单击"蓝副本"通道，载入该通道的选区，然后切换到"图层"面板中，复制背景图层，再单击"添加图层蒙版"按钮，为"背景副本"图层添加一个图层蒙版。如图 1-277 所示。"通道"面板自动添加一个"背景副本蒙版"，如图 1-278 所示。

图 1-277　　　　　　图 1-278

STEP 06 隐藏图层 1，双击"背景副本"图层，打开如图 1-279 所示的对话框，选择"斜面和浮雕"图层样式，然后设置浮雕参数，使图像出现压纹图案，如图 1-280 所示。

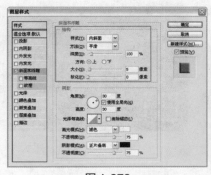

图 1-279　　　　　　图 1-280

STEP 07 切换到"通道"面板中，单击"创建新通道"按钮 ，创建一个新的 Alpha 1 通道，如图 1-281 所示。然后使用文字工具 T，在属性栏上设置文字的参数后，输入英文 BLOOM，再对选区填充白色，如图 1-282 所示。

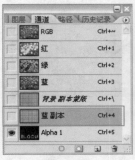

图 1-281　　　　　　图 1-282

STEP 08 显示"蓝副本"通道，图像窗口中呈粉红色状态。单击魔棒工具，并单击属性栏上的"添加到选区"按钮，选择"连续"复选框，然后在"蓝副本"通道中根据文字的位置来选取选区，如图1-283和图1-284所示。

图 1-283   图 1-284

STEP 09 使用相同的方法，依次选择其他字母的选区，如图1-285所示。

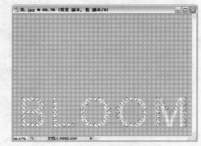

图 1-285

STEP 10 保持选区，然后单击"创建新通道"按钮，创建Alpha 2通道，对选区填充白色，如图1-286所示。

图 1-286

STEP 11 载入Alpha 2通道的选区，然后切换到"图层"面板中，新建图层2，并对选区填充白色。完成后取消选区，如图1-287所示，完成文字的制作过程。

图 1-287

　　按Ctrl+Alt+S快捷键，将文件存放在指定的硬盘。在制作过程中也可以存储，以便出现意外（如断电之类的突发情况）丢失文件，随时存盘也是设计工作的一个好习惯。

制作提示：

运用前面制作的压纹图像，还可以延伸出一些其他的效果。直接使用前面制作完成的压纹图像.PSD 文件，载入"背景副本"图层的蒙版选区后，反选选区，切换到图像中，对选区填充黑色。填充完成后在"图层"面板的蒙版位置单击鼠标右键，在弹出的快捷菜单中选择"停用图层蒙版"命令，即可得到左图所示的效果。如果不停用，则得不到这个效果。

光盘路径：

CD\chapter 1压纹图像\complete\举一反三.psd

操作步骤

STEP 01 在此使用一种简单的方法来制作。首先打开需要处理的图像文件，如图 1-288 所示。新建一个通道，然后对通道应用"彩色半调"滤镜，如图 1-289 所示。

图 1-288

图 1-289

STEP 02 载入通道中白色的选区，切换到背景图层中，对选区填充黑色。然后选择文字的圆点，并对选区填充白色，如图 1-290 所示。

图 1-290

功能技巧归纳

1."彩色半调"滤镜会产生圆形的像素点，用来模拟在图像的每个通道上使用扩大的半调网屏效果。在"彩色半调"对话框的"最大半径"文本框输入数值（4～127 像素）可确定半调网格的大小。该滤镜用于制作一些特效。本例中主要对图层运用该滤镜，可制作出黑色对比的半调图案，以便利用选区来创建蒙版。如图 1-291 所示为对绿色通道应用滤镜的效果，绿色通道和 RGB 通道的对应效果如图 1-292 和图 1-293 所示。

图 1-291　　　　　　图 1-292　　　　　　图 1-293

2. 反相处理，可以直接按 Ctrl+I 快捷键。

3. 按住 Ctrl 键单击图层或者通道的缩略图，可载入选区。

4. 图层样式可以为图像创建大量的特殊效果，如阴影、内发光、外发光、斜面和浮雕等效果。单击"图层"面板底部的"添加图层样式"按钮，在弹出的列表中选择"图层样式"效果，快捷方式是直接在需要应用图层样式的图层缩略图上双击鼠标左键，即可弹出"图层样式"对话框。

5. Alpha 通道最主要的用途就是存储和编辑选区。Alpha 通道和颜色通道一样，本身都是灰度图像，可以被编辑，并可重复运用到图像上。如果需要重复某个图像选区时，可以将选区存储在 Alpha 通道中，以便重复运用。

08 水墨画

水墨画（亦称国画）是我们的国粹，它带有优雅的传统文化特质，具有典型的东方色彩。因为是在宣纸上作画，所以水墨画的绘制难度比较高。不过可以通过Photoshop轻松地将一般的相片处理成水墨画效果。

重要功能："去色"命令、"反相"命令、"色阶"命令、"高斯模糊"滤镜、"喷溅"滤镜、文字工具、"纹理化"滤镜

光盘路径：CD\chapter 1\水墨画\complete\水墨画.psd

操作步骤

STEP 01 按Ctrl+O快捷键，打开如图1-294所示的对话框，选择本书配套光盘中chapter 1\水墨画 \media \荷花.jpg 文件，然后单击"打开"按钮，打开文件，如图1-295所示。

图 1-294

图 1-295

STEP 02 复制背景图层，然后对复制图层按Ctrl+Shift+U快捷键，对图层进行去色处理，效果如图1-296所示，此时的"图层"面板如图1-297所示。

图 1-296

图 1-297

STEP 03 对"背景副本"图层按 Ctrl+L 快捷键，打开如图 1-298 所示的对话框，适当调整色阶值，使荷花图像的亮部和暗部更自然，如图 1-299 所示。

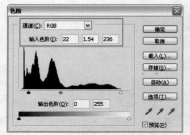

图 1-298　　　　　　　　图 1-299

STEP 04 按 Ctrl+I 快捷键，对图像进行反相处理。完成后单独调整一些荷花和荷叶的亮度，使图像的黑白灰关系更自然，如图 1-300 所示。

图 1-300

STEP 05 选择多边形套索工具，沿荷花的图像创建选区，如图 1-301 所示。完成后按 Ctrl+Alt+D 快捷键，打开如图 1-302 所示的对话框，设置"羽化半径"为 15。然后单击"确定"按钮。

图 1-301　　　　　　　　图 1-302

STEP 06 按 Ctrl+L 快捷键，在"色阶"对话框中调整荷花的亮度，如图 1-303 所示。完成后取消选区，效果如图 1-304 所示。

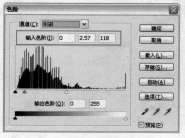

图 1-303　　　　　　　　图 1-304

STEP 07 继续使用多边形套索工具 ☑️，沿着纹理的荷叶创建选区，如图 1-305 所示。创建后羽化处理5像素，如图1-306 所示。

图 1-305

图 1-306

STEP 08 使用"色阶"命令，适当降低荷叶图像的亮度，使整个图像有暗调，如图 1-307 所示，效果如图 1-308 所示。

图 1-307

图 1-308

STEP 09 完成后对背景图层再次按 Ctrl+L 快捷键，打开如图 1-309 所示的对话框，适当调整色阶值，使荷花图像的亮部和暗部更自然，如图 1-310 所示。

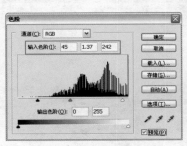

图 1-309

图 1-310

STEP 10 颜色调整完成后，对图像进行国画效果处理。对"背景副本"图层执行"滤镜>模糊>高斯模糊"命令，打开如图 1-311 所示的对话框，设置"半径"为 2，效果如图 1-312 所示。

图 1-311

图 1-312

STEP 11 继续对"背景副本"图层执行"滤镜>画笔描边>喷溅"命令，打开如图1-313所示的对话框，设置"喷色半径"为3，"平滑度"为4，使图像具有国画的浸墨效果，如图1-314所示。

图 1-313

图 1-314

STEP 12 隐藏"背景副本"图层，使用魔棒工具，在属性栏中设置"容差"为100后，选取荷花图像，如图1-315所示。完成后对选区按Ctrl+Alt+D快捷键，在弹出的"羽化选区"对话框中设置"羽化半径"为2。然后按Ctrl+J快捷键，将选区内的图像复制到新图层中，如图1-316所示。

图 1-315

图 1-316

STEP 13 按Ctrl+Shift+]快捷键，将图层1置于最顶层，修改图层1的混合模式为"颜色"。然后显示"背景副本"图层，效果如图1-317所示。

图 1-317

STEP 14 下面为图像输入文字，使国画效果更真实。单击直排文字工具，输入直排文字，字体最好选择行书、楷体等手写效果比较强的文字，如图1-318和图1-319所示。

图 1-318

图 1-319

STEP 15 下面为图像加上印章。新建一个图层，选取套索工具，在文字的下方创建一个选区，然后对选区填充红色（＃ff0000）。使用直排文字工具，在印章上输入自己的名字，如图1-320和图1-321所示。

图 1-320

图 1-321

STEP 16 最后还可以对图像加入纸张的纹理效果。对所有的文字图层进行栅格化处理，然后同时选择除背景图层以外的图层，然后进行复制，完成后按**Ctrl+E**快捷键，合并所有复制图层，然后对合并图层执行"滤镜>纹理>纹理化"命令，打开如图1-322所示的对话框，适当调整参数，增强纸纹效果，如图1-323所示。

图 1-322

图 1-323

制作提示：

水墨画效果同样可以应用到风景图片中。首先对图像进行去色处理，然后使用"高斯模糊"滤镜和"喷溅"滤镜制作浸墨效果，最后复制背景图层，并修改图层混合模式和不透明度，为国画效果着色。适当加入文字可以对水墨画起到画龙点睛的效果。

光盘路径：

CD\chapter 1\水墨画\complete\举一反三.psd

操作步骤

STEP 01 打开需要处理成水墨画效果的图像，如图1-324所示。

图 1-324

STEP 02 对图像进行去色处理，然后使用"高斯模糊"滤镜和"喷溅"滤镜制作浸墨效果，如图 1-325 所示。

图 1-325

STEP 03 复制背景图层，修改复制图层的混合模式为"颜色"，"不透明度"为 50%，为水墨画着色，如图 1-326 所示。

图 1-326

STEP 04 最后为水墨画添加文字和印章，使水墨画效果更真实，如图 1-327 所示。

图 1-327

功能技巧归纳

1. 对图层进行去色处理时，直接按 Ctrl+Shift+U 快捷键。

2. "高斯模糊"滤镜是一个常见的"模糊"滤镜，"高斯模糊"滤镜是通过高斯曲线的分布，选择性地模糊图像，在参数对话框中调整半径值，数值越大，模糊效果越强。对如图 1-328 所示的图像应用"高斯模糊"滤镜，其对话框的设置和效果如图 1-329 和图 1-330 所示。

图 1-328

图 1-329

图 1-330

3."喷溅"滤镜用于模仿用颜料在画布上喷洒作画的效果，"喷色半径"用于控制喷洒的范围，"平滑度"用于控制喷洒效果的强弱。运用"喷溅"滤镜制作国画的浸没效果，非常适合。

4."纹理化"滤镜可以为图像添加各种纹理，如砖形、粗麻布、画布、砂岩，可在"纹理"下拉列表中选择。"光照"下拉列表中还可以选择光线照射的方向，对纹理的效果非常明显。如图1-331~图1-334所示是几种常用纹理的效果。

图1-331　　　　　　　　　　　　　　图1-332

图1-333　　　　　　　　　　　　　　图1-334

Photoshop CS2 特效设计宝典

Chapter 2 数码照片艺术沙龙

"数码"已经成为现代时尚的一个代名词，数码相机以方便
快捷、及时查看的优势逐渐取代了传统相机。这也就诞生了
数码照片。找出您的数码照片，我们可以运用Photoshop的
技术让您的数码照片丰富多彩，风格更加多元化。

09 边缘特效

苏州园林、杭州美景都是江南几大美景之一，身临其境的感觉自然妙不可言。将自己的照片制作成江南美景图，可更添一份惬意，在此不妨来试试吧。

重要功能："色阶"命令、"曲线"命令、"木刻"滤镜、选框工具、"羽化"命令、"高斯模糊"滤镜、图层混合模式。

光盘路径：CD\chapter 2\边缘特效\complete\苏州留影.psd

操作步骤

STEP 01 按 Ctrl+O 快捷键，打开如图 2-1 所示的对话框，选择本书配套光盘中 chapter 2\边缘特效\media\ 苏州留影.jpg 文件，然后单击"打开"按钮，打开图像文件，如图 2-2 所示。

图 2-1

图 2-2

STEP 02 将背景图层拖曳到"创建新图层"按钮 上，复制一个图层。下面对复制图层调整颜色，使图像的颜色更漂亮。按 Ctrl+L 快捷键，在弹出的"色阶"对话框中调整参数，然后在"通道"下拉列表中分别选择其他颜色通道进行调色，如图 2-3～图 2-6 所示。效果如图 2-7 所示。

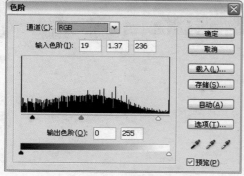

图 2-3

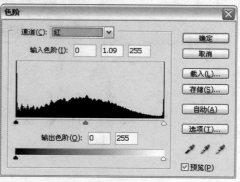

图 2-4

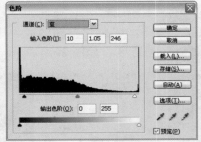

图 2-5　　　　　　　　　　　图 2-6　　　　　　　　　　　图 2-7

STEP 03　单独调整树叶、湖面等绿色图像，使颜色更翠绿一点儿。单击套索工具 ⌐，沿绿色图像创建选区，在创建时可以辅助按住 Alt 键减选选区，按住 Shift 键加选选区，这里的选区不要求边缘非常准确，如图 2-8 所示。完成后按 Ctrl+Alt+D 快捷键，打开如图 2-9 所示的对话框，设置"羽化半径"为 20，完成后单击"确定"按钮，对选区进行羽化处理。

图 2-8　　　　　　　　　　　　　　　图 2-9

STEP 04　保持选区，接下来对选区内的图像进行调整。按 Ctrl+L 快捷键，打开如图 2-10 所示的对话框，选择"绿"通道，然后适当调整绿通道的色阶值，效果如图 2-11 所示。完成后继续保持选区。

图 2-10　　　　　　　　　　　　　图 2-11

STEP 05 对选区图像按 **Ctrl+M** 快捷键，在弹出的"曲线"对话框中增加绿色值，使绿色更饱和。在"通道"下拉列表中选择"绿"，切换到不同的面板中进行调整，如图 2-12 和图 2-13 所示。完成后按 **Ctrl+D** 快捷键取消选区，如图 2-14 所示。

| 图 2-12 | 图 2-13 | 图 2-14 |

STEP 06 完成后再复制一次背景副本图层。下面使用多边形套索工具，沿图像中亭子的红色部分、灯笼、人物边缘创建选区，这里创建的选区尽量精细，特别是人物边缘，如图 2-15 所示。完成后对选区进行羽化处理，设置"羽化半径"为 2，如图 2-16 所示。

| 图 2-15 | 图 2-16 |

STEP 07 保持选区，切换到"背景副本 2"图层中，按 **Delete** 键删除选区内的图像，按 **Ctrl+D** 快捷键取消选区。然后对该图层执行"滤镜>艺术效果>木刻"命令，打开如图 2-17 所示的对话框，设置"色阶数"为 8，"边缘简化度"为 4，"边缘逼真度"为 2，设置参数后，图像的大致效果就诞生了，如图 2-18 所示。

| 图 2-17 | 图 2-18 |

STEP 08 观察图像中的绿色图像，有点过亮的感觉，还可以对"背景副本 2"图层适当调整 "色阶"值，具体参数如图 2-19 所示。一幅江南美景图就大致完成了，效果如图 2-20 所示。

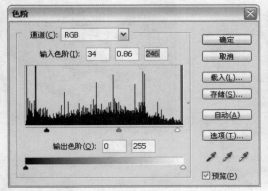

图 2-19　　　　　　　　　　　　　图 2-20

STEP 09 观察图像左上角的天空，太白太亮，比较刺眼。在此可以为天空添加颜色。打开本 书配套光盘中 chapter 2\ 边缘特效 \media\ 天空.jpg 文件，然后使用套索工具适当选取图像，如图 2-21 所示。然后对选区进行羽化处理，设置"半径"为 10，如图 2-22 所示。再使用移动工 具将选区内的图像拖曳到前面处理的图像中，并放置在左上角的位置，适当调整大小，如图 2-23 所示。

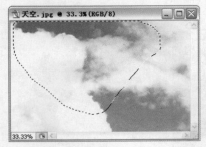

图 2-21　　　　　　　　　　图 2-22　　　　　　　　　　图 2-23

STEP 10 修改图层 1 的混合模式为"正片叠底"，"不透明度"为 30%，天空的效果更自然， 如图 2-24 和图 2-25 所示。

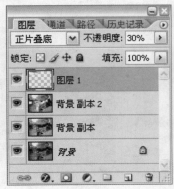

图 2-24　　　　　　　　　　　　　图 2-25

STEP 11 按住 Ctrl 键的同时选择图层 1、背景副本 2、背景副本图层，然后单击"图层"面板底部的"链接图层"按钮，将这几个图层进行链接，如图 2-26 所示。然后按 Ctrl+T 快捷键，同时缩小这几个图层的大小，如图 2-27 所示。完成后按 Enter 键确定。

图 2-26

图 2-27

STEP 12 在背景图层的上面新建图层 2，并对该图层填充白色，如图 2-28 和图 2-29 所示。

图 2-28

图 2-29

STEP 13 接下来为图像添加文字，使图像效果更丰富。单击文字工具 T，分别输入两行文字，并适当调整个别文字的大小，如图 2-30 和图 2-31 所示。

图 2-30

图 2-31

STEP 14 对文字进行栅格化处理，复制"绿"图层，重新载入"绿"字选区，对选区进行 5 像素的羽化处理后，在复制图层中对选区填充白色，使文字有朦胧的效果。再对"绿"字图层执行"滤镜>模糊>高斯模糊"命令，打开如图 2-32 所示的对话框，设置"半径"为 6，效果如图 2-33 所示。

图 2-32

图 2-33

STEP 15 使用相同的方法加强下面一行文字的效果，一幅身在其中的江南美景图就完成了，如图2-34所示。

图 2-34

制作提示：

"木刻"命令还可以应用到很多设计中。左图选择了一幅建筑外观图，首先复制两次背景图层，对复制图层应用"变化"命令，调整图像成偏红状态，然后使用多边形套索工具沿外墙创建选区，完成后切换到最上层复制的图层中，按Delete键删掉。再应用"木刻"滤镜，增强图像的大块面积效果。

光盘路径：

CD\chapter 2\边缘特效 \complete\ 举一反三.psd

操作步骤

STEP 01 打开需要处理的图像文件，如图2-35所示。

STEP 02 复制两次背景图层，对第一个复制的图层应用"变化"命令，调整图像成偏红状态。这里先隐藏最上层的复制图层，效果如图2-36所示。

图 2-35

图 2-36

STEP 03 使用多边形套索工具
沿外墙创建选区,如图 2-37 所
示。

STEP 04 切换到最上层的复制
图层中,按 Delete 键删掉该图
层,效果如图 2-38 所示。

图 2-37

图 2-38

STEP 05 取消选区,对最上
层的复制图层应用"木刻"
滤镜,增强图像的大块面积
效果,如图 2-39 所示。

图 2-39

功能技巧归纳

1. 没有选择抓手工具时,可以通过按住空格键转换成抓手工具。之后即可用鼠标拖动的方式移动视图内图像的可见范围。在抓手工具上双击鼠标,可以使图像以最适合窗口的大小显示,在缩放工具上双击鼠标可使图像以 1:1 的比例显示。

如图 2-40 所示,在创建选区时需要用到抓手工具时,按住空格键,待鼠标指针显示为抓手工具时,便可以随意移动图像的可见范围了。这里的移动对图像本身的位置不会做任何改变。

建立选区

切换到抓手工具状态

图 2-40

2."木刻"滤镜通过把图像中的所有颜色均匀简化为少数几种颜色，来创建图形的轮廓，常用于模拟拼贴画和木刻版画。木刻处理后，有种矢量的风格，可以制作一些特殊的效果。

在"木刻"对话框中，"色阶数"决定了简化颜色的层次，值越低，颜色层次越少；"边缘简化度"决定了图像边缘色块的简化程度，值越高，简化的色块越大；"边缘逼真度"决定了简化程度的逼真度，值越高，简化图像越逼真。如图 2-41 所示为不同木刻参数的效果。

原图

值小　　　　　　　　　值大

图 2-41

3. 在处理图像时，有些图层之间是相关联的，在需要同时对这些图层应用移动、变换大小等操作时，可以通过"链接图层"命令来链接这些图层，这样就可以同时对这几个图层进行操作。同时选中需要链接在一起的图层，单击"图层"面板底部的"链接图层"按钮 ⟨⟨ 即可。

4. 文字工具是平面设计中不可缺少的重要工具，在 Photoshop 中可以随意修改文字的大小、字体样式、行距、间距、颜色等。输入文字后，可以在"字符"面板中进行修改，还可以单独对每个文字进行处理，只需要单独选择该文字即可。

10 高反差双色特效

运用双色可以将图像的细节表现出来，形成强烈的视觉冲击和对比效果。当然还需要配合一些文字，运用颜色的对比效果增强图像的视觉冲击力。

重要功能： "色阶"命令、"阈值"命令、多边形套索工具、文字工具

光盘路径： CD\chapter 2\高反差双色特效\complete\高反差双色特效.psd

操作步骤

STEP 01 按 Ctrl+O 快捷键，打开如图 2-42 所示的对话框，选择本书配套光盘中chapter 2\高反差双色特效 \media\ 人像.jpg 文件，然后单击"打开"按钮，打开文件，如图 2-43 所示。

图 2-42

图 2-43

STEP 02 复制背景图层，对"背景副本"图层按 Ctrl+L 快捷键，打开如图 2-44 所示的对话框，适当调节色阶值，使图像的黑白对比更明显，如图 2-45 所示。

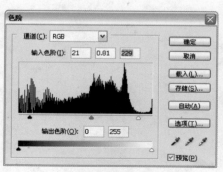

图 2-44

图 2-45

STEP 03 复制两次背景副本图层，首先选择"背景副本3"图层，执行"图像>调整>阈值"命令，打开如图2-46所示的对话框，设置参数后观察图像窗口中的图像，呈黑白对比效果，如图2-47所示。

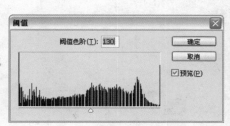

图 2-46   图 2-47

STEP 04 隐藏"背景副本3"图层，选择"背景副本2"图层，执行"图像>调整>阈值"命令，打开如图2-48所示的对话框，设置参数后可观察到图像窗口中左边的颜色细节多一些，如图2-49所示。

图 2-48   图 2-49

STEP 05 单击多边形套索工具，在图像窗口中沿左边细节多一点的地方创建选区，如图2-50所示。完成后按Ctrl+Shift+I快捷键反选选区，然后按Delete键删除多余的图像，最后取消选区，如图2-51所示。

图 2-50   图 2-51

STEP 06 按Ctrl+Shift+]快捷键，将"背景副本2"图层调整在最顶层，显示"背景副本3"图层，如图2-52所示。然后按Ctrl+E快捷键，将"背景副本2"图层和"背景副本3"图层合并为一个图层，并命名为"底图"，如图2-53所示。

图 2-52   图 2-53

STEP 07 对"底图"图层执行"图像>调整>渐变映射"命令，打开如图2-54所示的对话框。

图 2-54

STEP 08 单击"渐变映射"对话框的渐变颜色条，然后在"渐变编辑器"对话框中设置渐变颜色为红色到黄色，完成后单击"确定"按钮，如图2-55所示，图像成为红黄单色，图像效果如图2-56所示。

图 2-55　　　　　　　图 2-56

STEP 09 接下来为图像添加文字，这样会为图像增色不少。需要注意的就是在红色图像处用黄色文字，在黄色图像处使用红色文字和黑色文字，以便文字的效果比较明显。文字还可以应用叠加的效果，如图2-57和图2-58所示。最后将所有的文字组合在一个图层组中。

图 2-57　　　　　　　图 2-58

举一反三

制作提示：
高反差效果还可以对局部图像运用，其实设计没有一个定则，而且每个人的审美标准都不同，但是要注意保证构图合理、和谐，有主次之分。左图就是对局部进行对比处理，适当调整文字的颜色和排列方法产生的另一种效果。

光盘路径：
CD\chapter 2\ 高反差双色特效 \complete\ 举一反三.psd

操作步骤

STEP 01 打开需要处理的图像文件，如图2-59所示。

STEP 02 复制背景图层，运用"色阶"命令适当调整图像的明暗关系，如图2-60所示。

图2-59

图2-60

STEP 03 使用"阈值"命令对图像进行处理，如图2-61所示。

STEP 04 对图层进行渐变映射处理，颜色设置为红色到黄色的渐变，如图2-62所示。

图2-61

图2-62

STEP 05 使用渐变工具沿人物创建选区，完成后反选选区，并删除多余的图像，使创建的人物保留高反差效果，如图2-63所示。

STEP 06 使用文字工具为图像添加文字。适当修改文字的颜色、大小和位置等，如图2-64所示。

图2-63

图2-64

功能技巧归纳

1. 执行"图像>调整>阈值"命令，弹出"阈值"对话框，通过"阈值"命令，可以将灰度或彩色图像转换为高对比度的黑白图像。还可以指定某个色阶作为阈值，所有比阈值亮的像素转换为白色，而所有比阈值暗的像素转换为黑色。"阈值"命令对确定图像的最亮和最暗区域很有用。

我们常常使用"阈值"命令来表现一些特殊的效果，直接在"阈值色阶"文本框输入数字，数字越大，黑色细节越少，如图 2-65 所示。

原图

设置较小的阈值色阶

完成效果 1

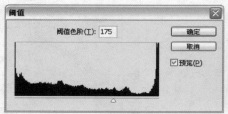
设置较大的阈值色阶

完成效果 2

图 2-65

2. "渐变映射"命令可以为图像叠加一层渐变效果，渐变映射的效果会直接用渐变色替换图像中的颜色，但保留图像中原有的图形。

渐变映射的替换规律为：根据图像颜色的亮度值，将图像中最暗的颜色替换为渐变的起始色，将图像中最亮的颜色替换为渐变的结束色。其他颜色替换为渐变中的中间色。选择"反相"复选框，则替换顺序相反。

如图 2-66 所示的使用渐变工具的效果和渐变映射的效果。

原图

使用渐变工具后的效果

渐变映射效果

图 2-66

11 我的明信片

一张很普通的照片也可以变得很有意境，适当添加一些素材文件，制作自己的明信片，让自己成为主角。同时学习处理图像的方法，掌握快速修复瑕疵的技能。

重要功能： 矩形选框工具、魔棒工具、"羽化"命令、"蒙尘与划痕"滤镜、"海报边缘"滤镜、文字工具、"亮度/对比度"命令

光盘路径： CD\chapter 2\我的明信片\complete\我的明信片.psd

操作步骤

STEP 01 按 Ctrl+N 快捷键，打开"新建"对话框，设置"名称"为"我的明信片"，具体参数设置如图 2-67 所示，完成后单击"确定"按钮，创建一个新的图形文件。对背景图层填充灰色（# c0c0c0），如图 2-68 所示。

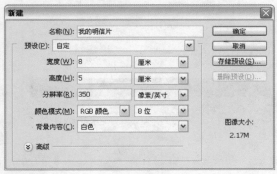

图 2-67

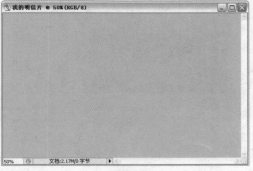

图 2-68

STEP 02 新建一个图层，单击矩形选框工具，在图像窗口中创建一个矩形选区，对选区填充黑色后取消选区，如图 2-69 和图 2-70 所示。

图 2-69

图 2-70

STEP 03 新建一个图层，单击矩形选框工具 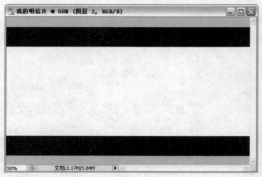，在图像窗口中创建一个矩形选区，对选区填充白色后取消选区，效果和对应的"图层"面板如图 2-71 和图 2-72 所示。

图 2-71

图 2-72

STEP 04 按 Ctrl+O 快捷键，在"打开"对话框中选择本书配套光盘中 chapter 2\我的明信片 \media\ 草.psd 文件，然后单击"打开"按钮，打开文件，如图 2-73 所示。使用移动工具将草的图像拖曳到前面创建的文件中，如图 2-74 所示。

图 2-73

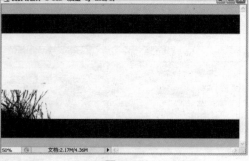

图 2-74

STEP 05 对图层 3 按 Ctrl+T 快捷键，按住 Shift 键，拖曳右上角的控制点，适当调整草的大小，如图 2-75 所示，完成后按 Enter 键确定，此时的"图层"面板如图 2-76 所示。

图 2-75

图 2-76

STEP 06 打开本书配套光盘中 chapter 2\ 我的明信片 \media\ 人像.jpg 文件。单击魔棒工具，在属性栏中设置"容差"为 50。然后在背景图像区域中连续单击，选择背景区域后按 Ctrl+Shift+I 快捷键反选选区，得到人像的完整选区范围，反选前后效果如图 2-77 和图 2-78 所示。

图 2-77　　　　　　　　　　　　　　图 2-78

STEP 07 使用移动工具将人的图像拖曳到前面创建的文件中，然后调整人像的大小，效果及对应的"图层"面板如图 2-79 和图 2-80 所示。

图 2-79　　　　　　　　　　　　　　图 2-80

STEP 08 下面为人像的皮肤进行磨皮处理。放大图像，使用套索工具，沿人像的脸部创建选区，如图 2-81 所示。然后按住 Alt 键，减选鼻孔、嘴巴周围的图像，如图 2-82 所示。

图 2-81　　　　　　　　　　　　　　图 2-82

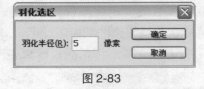

STEP 09 保持选区，按 Ctrl+
Alt+D 快捷键，打开如图 2-83
所示的对话框，设置"羽化
半径"为 5。然后单击"确
定"按钮。

图 2-83

STEP 10 对选区执行"滤镜>
杂色>蒙尘与划痕"命令，打
开如图 2-84 所示的对话框，调
整参数后，皮肤的瑕疵不见
了，完成后取消选区，效果
如图 2-85 所示。

图 2-84

图 2-85

STEP 11 图像在步骤 10 中没
有经过处理的鼻孔、嘴巴边
缘的图像不是很自然，单击
模糊工具，在属性栏中设置
"画笔大小"为 9，"强度"
为 50%。然后对不自然的图像
区域适当进行涂抹，柔化图
像，效果如图 2-86 所示。

图 2-86

STEP 12 使用同样的方法对人
物脖子的图像区域进行蒙尘与
划痕处理，脖子周围的皮肤
没有脸那么细腻，这里设置
"阈值"为 6，效果更自然，
如图 2-87 和图 2-88 所示。

图 2-87

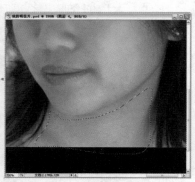

图 2-88

STEP 13 取消选区后，对人像图像执行"滤镜>艺术效果>海报边缘"命令，打开如图2-89所示的对话框，适当设置参数后，人物多了一种肌理效果，如图2-90所示。

图2-89

图2-90

STEP 14 为图像添加花的图像。打开本书配套光盘中chapter 2\ 我的明信片 \media\ 花.jpg 文件，如图2-91所示。单击魔棒工具，在属性栏中设置"容差"为50，然后在白色背景图像区域单击，选择背景区域后按 Ctrl+Shift+I 快捷键反选选区，得到花的选区，如图2-92所示。

图2-91

图2-92

STEP 15 使用移动工具将花的图像拖曳到前面创建的文件中，调整花的大小，如图2-93所示。完成后复制两个花的图层，调整副本图层的位置和大小，此时的"图层"面板如图2-94所示。

图2-93

图2-94

STEP 16 载入图层2的选区，并反选选区，切换到图层5，按下 Delete 键删除多余的图像，如图2-95所示。最后取消选区，如图2-96所示。

图2-95

图2-96

STEP 17 选择"图层 5 副本 2"图层，执行"图像>调整>亮度 / 对比度"命令，打开如图 2-97 所示的对话框，适当调整图像的亮度和对比度，使向日葵的颜色更亮，如图 2-98 所示。

图 2-97　　　　　　　　　　图 2-98

STEP 18 使用同样的方法，适当调整其他两朵向日葵的亮度和对比度，如图 2-99 所示。完成后还可以根据图像的大小适当进行微调，如图 2-100 所示。

图 2-99　　　　　　　　　　图 2-100

STEP 19 在图层 2 的上方新建一个图层，使用套索工具随意在背景中创建一个选区，然后对选区进行羽化处理，设置"羽化半径"为 10。如图 2-101 所示。设置前景色为天蓝色（# dbffff），按 Alt+Delete 快捷键对选区进行填充，模拟天空效果，完成后取消选区，如图 2-102 所示。

图 2-101　　　　　　　　　　图 2-102

STEP 20 单击文字工具，在图像窗口中输入文字，适当调整字母的大小，如图2-103所示。

图 2-103

STEP 21 使用相同的方法，在图像窗口中的其他位置输入其他中文字和英文字，如图2-104和图2-105所示。

图 2-104

图 2-105

STEP 22 新建一个图层，单击自定形状工具，在属性栏中单击"路径"按钮，在"形状"下拉列表中选择"花瓣"形状，如图2-106所示。然后在图像窗口下方绘制一个路径。按 Ctrl+Enter 快捷键将路径转换成选区，如图2-107所示。对选区填充黄色（＃fffe16）后，取消选区，如图2-108所示。

图 2-106

图 2-107

图 2-108

STEP 23 复制图层 7，并适当调整复制图层的大小和位置，如图 2-109 所示，至此，完成明信片的制作。

图 2-109

举一反三

制作提示：

黑白照片一样可以制作一张别致的明信片。下面对前面制作好的人像进行去色，然后对向日葵进行去色处理，选择其中一朵向日葵进行单色的着色处理，起到画龙点睛的效果。

光盘路径：

CD\chapter 2\ 我的明信片 \complete\ 举一反三.psd

操作步骤

STEP 01 打开前面制作好的 "我的明信片.psd" 图像文件，如图 2-110 所示。

图 2-110

STEP 02 选择人物图像的图层，对图像进行去色处理，如图 2-111 所示。

图 2-111

STEP 03 对背景中的向日葵图像进行去色处理，如图 2-112 所示。

STEP 04 使用"色相/饱和度"命令，为背景中的一朵向日葵进行着色处理，使图像更和谐，如图 2-113 所示。

图 2-112

图 2-113

功能技巧归纳

1. 先设置好背景色，再按 Ctrl+N 快捷键，弹出"新建"对话框后，设置"背景内容"为"背景色"，即可对新创建文件的背景图层填充背景色，可省去填充这个环节。

2. 对皮肤进行磨皮处理有很多方法，通过"蒙尘与划痕"滤镜可以快速地去除皮肤上的瑕疵。在对话框中，"半径"用来控制涂抹柔化的范围；"阈值"用来限定图像中的亮度差，高于阈值设定值的相邻像素才能应用该滤镜。

在对皮肤进行处理时，需要先为有瑕疵的图像创建选区，然后适当进行羽化处理，以便选区边缘能自然地融合。"半径"值越大，模糊的效果越强；适当加强"阈值"，可以保留一些皮肤的质感，不至于太失真，但值越小，模糊的效果也不会太明显。这就需要根据图像的具体情况来适当调节，如图 2-114 所示为应用"蒙尘与划痕"滤镜的对比效果。

3. 模糊工具是去除瑕疵处理的另一个好"帮手"。我们在运用"蒙尘与划痕"滤镜之前，会去除眼睛、鼻孔、嘴巴等图像选区，因为对整个图像同时应用"蒙尘与划痕"滤镜，会使人像变得比较模糊，也就失去了磨皮的效果。但是眼睛、鼻孔、嘴巴等图像的边缘还可以进行适当的柔化处理，这时就可以使用模糊工具进行模糊处理，还可以根据图像的模糊要求在属性栏中设置"强度"，强度越大，模糊效果越强。

原图

半径为 23，阈值为 5，磨皮效果较好

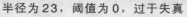

半径为23，阈值为0，过于失真　　　　　半径为23，阈值为25，磨皮效果不佳

图 2-114

4. 按住 Alt 键的同时，依次按下 I+A+C 键可以执行"亮度 / 对比度"命令。

5. 在使用自定形状工具绘制花形状时，可以先设置前景色为黄色或白色，然后单击属性栏的"填充像素"按钮，即可绘制出黄色或白色的小花图像，则不用再将路径转换为选区，再填充，这样可以提高工作效率。读者可以根据自己的设计效果来选择创建方式。

12　个性写真

制作线条和块面，可以制作一张另类别致的个性写真。运用"木刻"滤镜和"查找边缘"命令，将人物的块和线完美地表现出来，既个性又时尚。找出您的普通照片，来试试制作自己的个性写真吧。

重要功能： 多边形套索工具、"木刻"滤镜、"查找边缘"滤镜、图层混合模式、"亮度/对比度"命令、"色阶"命令、"色彩平衡"命令

光盘路径： CD\chapter 2\个性写真\complete\个性写真.psd

操作步骤

STEP 01 按Ctrl+O快捷键，打开如图2-115所示的对话框，选择本书配套光盘中chapter 2\个性写真\media\人像.jpg文件，然后单击"打开"按钮，打开文件，如图2-116所示。

图 2-115　　　　　　　图 2-116

STEP 02 复制一次背景图层，单击多边形套索工具，沿人物的轮廓创建选区，这里的选区范围尽量准确就行，不要求特别精细，如图2-117所示。创建完成后，按Ctrl+J快捷键，将选区内的图像复制到新图层中，如图2-118所示。

图 2-117　　　　　　　图 2-118

STEP 03 对图层 1 执行"滤镜>艺术效果>木刻"命令，打开如图 2-119 所示的对话框，设置"色阶数"为 8，"边缘简化度"为 4，"边缘逼真度"为 3，完成后人像变成块面，呈矢量风格，如图 2-120 所示。

图 2-119

图 2-120

STEP 04 复制图层 1，对"图层 1 副本"图层执行"滤镜>风格化>查找边缘"命令，图像自动显示彩色的边缘效果，如图 2-121 所示。

图 2-121

STEP 05 对"图层 1 副本"图层执行"图像>调整>亮度/对比度"命令，打开如图 2-122 所示的对话框，适当调整图像的亮度和对比度，增强边缘的亮度，如图 2-123 所示。完成后修改图层 1 副本的混合模式为"柔光"。

图 2-123

图 2-122

STEP 06 选择背景副本图层，执行"滤镜>艺术效果>木刻"命令，打开如图 2-124 所示的对话框，设置"色阶数"为 6，"边缘简化度"为 4，"边缘逼真度"为 3，完成后背景图像块面，这里对背景的处理需要比主题人像要粗糙一些，如图 2-125 所示。

图 2-124

图 2-125

STEP 07 接下来调整背景的亮度，按 Ctrl+L 快捷键，打开如图 2-126 所示的对话框，调整图像后使背景图像变亮，如图 2-127 所示。

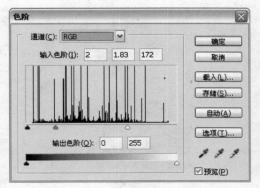

图 2-126

图 2-127

STEP 08 适当调整背景图像的颜色，按 Ctrl+B 快捷键，打开如图 2-128 所示的对话框，适当改变图像的色调，如图 2-129 所示。

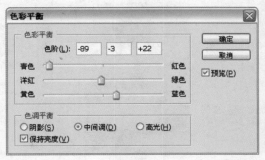

图 2-128

图 2-129

STEP 09 选择图层 1，调整人物的亮度，按 Ctrl+L 快捷键，打开如图 2-130 所示的对话框，调整图像后使人物更突出，如图 2-131 所示。

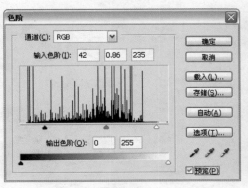

图 2-130

图 2-131

STEP 10 下面给图像添加个性文字，以便更符合主题。单击文字工具 T，输入"我型我"，单独修改"型"字的字体大小，修改"我"字的颜色，如图 2-132 和图 2-133 所示。

图 2-132

图 2-133

STEP 11 使用文字工具输入
Show，颜色为红色，字体样
式及大小分别如图2-134和图
2-135所示。

图 2-134　　　　　　　　图 2-135

STEP 12 分别调整两个文字
图层的角度，并排列成如图
2-136所示的形状，然后修改
Show图层的混合模式为"正
片叠底"，如图2-137所示。

图 2-136　　　　　　　　图 2-137

STEP 13 使用文字工具输入
music，颜色为黑色，字体样
式及大小分别如图2-138和图
2-139所示，个性写真就大致
完成了。

图 2-138　　　　　　　　图 2-139

STEP 14 观察图像，整体偏
长，可以使用裁切工具适当
对图像进行裁切，完成最终
效果，如图2-140和图2-141
所示。

图 2-140　　　　　　　　图 2-141

制作提示：

适当裁切图像，改变构图结构，将竖向图像修改为横向的构图方式，然后适当修改图像，可以制作像光盘面、CD封面、海报等图像。

光盘路径：

CD\chapter 2\个性写真\complete\举一反三.psd

操作步骤

STEP 01 打开需要处理的图像文件，如图2-142所示。

STEP 02 复制背景图像，对复制图层进行去色处理。再应用"木刻"滤镜，使图像呈矢量风格，如图2-143所示。

图2-142

图2-143

STEP 03 使用多边形套索工具沿人物轮廓创建选区，完成后从背景副本图层复制一个新的图层。并使用"色相/饱和度"命令适当调整图像的颜色，如图2-144所示。

STEP 04 对该图层应用"描边"图层样式，为人物轮廓加入一个白色的边框，如图2-145所示。

图2-144

图2-145

STEP 05 复制新的图层，并对新图层应用"查找边缘"滤镜，使人物图像层次感更强，如图 2-146 所示。

STEP 06 最后加入文字，使图像效果更丰富，如图 2-147 所示。

图 2-146

图 2-147

功能技巧归纳

"查找边缘"滤镜会自动查找图像中明显过渡的区域并强化边缘像素，对高反差区域用深色线条勾画，低反差区域用亮色表示。该滤镜用于加强边缘效果，对制作一些水粉效果的轮廓强化也很有用，如图 2-148 所示。

原图

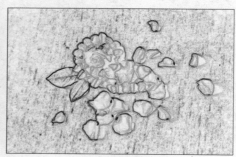

应用滤镜的效果

图 2-148

13 我的复古风

反转负冲效果是处理相片常用的手法，可以很好地表现复古风格。除此外，本例还重点介绍了 Photoshop CS2 的新增功能——消失点，以便修复图像中不需要的部分。然后适当应用通道调整图像的整体效果。

📢 **重要功能：** "消失点"命令、仿制图章工具、"应用图像"命令、"亮度/对比度"命令、"色阶"命令。

💿 **光盘路径：** CD\chapter 2\我的复古风\complete\我的复古风.psd

操作步骤

STEP 01 按 Ctrl+O 快捷键，打开如图 2-149 所示的对话框，选择本书配套光盘中 chapter 2\我的复古风\media\人像.jpg 文件，然后单击"打开"按钮，打开文件，如图 2-150 所示。

图 2-149

图 2-150

STEP 02 观察图像，因为左边有其他人的图像，但这幅图长宽比例都比较合适，如果使用裁切工具会破坏整体构图，所以在此选择修复图像。使用"消失点"命令来进行修复。新建一个图层，可以在这个图层修复图像，以便后面进行编辑，如果直接在背景图像上修改，将对图像进行永久修改。执行"滤镜>消失点"命令，打开如图 2-151 所示的对话框，接下来的操作将在该对话框中进行。

图 2-151

STEP 03 为了观察效果，可以缩小图像，单击缩放工具，按住 Alt+ Space 键，鼠标指针会变成缩小形状，缩小一倍图像。单击对话框中的创建平面工具，参照图 2-152 创建网格，创建网格时根据透视关系来创建，但网格的透视关系正确时，会变成蓝色。如果透视关系不对，网格会变成黄色和红色。然后设置"网格大小"为 200，网格越大，复制的图像精度越高。

图 2-152

STEP 04 单击矩形选框工具，先对图像进行小块的复制，在图像左边创建选区，如图 2-153 所示。完成后按住 Ctrl 键，在属性栏的"修复"下拉列表框中选择"开"。然后将选区内的图像向右移动，将复制的图像对齐，如图 2-154 所示。

图 2-153

图 2-154

STEP 05 在网格范围内重新创建一个选区，使用 Alt 键来进行修复，在如图 2-155 所示的位置创建选区后，按住 Alt 键，将选区内的图像拖曳到其他需要修复的地方，如图 2-156 所示。

图 2-155

图 2-156

STEP 06 使用相同的方法，可以根据自己的习惯来修复图像，修复工具是一个比较细致的工具，但需要一定的耐心。如图2-157所示。如果不需要复制原图的颜色，可以在"修复"下拉列表中选择"关"选项。

图 2-157

STEP 07 确定大致修复好了以后，单击"确定"按钮，回到图像窗口，图层1中自动增加了图像内容，但是人物的手臂图像被遮住了，在此为图层1添加一个图层蒙版，并使用黑色画笔工具在蒙版上手臂处涂抹，此时的"图层"面板如图2-158所示。之后人物的手臂图像会完全显示，效果如图2-159所示。

图 2-158

图 2-159

STEP 08 放大图像，首先调整图像的亮度，使用多边形套索工具，沿中间的白色横条创建选区，完成后执行"图像>调整>亮度/对比度"命令，打开如图2-160所示的对话框，适当调整图像的亮度，使图像的整体亮度更和谐，如图2-161所示，完成后取消选区。

图 2-160

图 2-161

STEP 09 单击仿制图章工具，在属性栏中设置各项参数，如图2-162所示。然后按住Alt键，吸取图像完整的部分，如图2-163所示。释放Alt键以后，在需要修复的地方进行修复，多次复制，对图像进行完美修复，如图2-164所示。

图 2-162

图 2-163

图 2-164

STEP 10 完成复制后按Ctrl+E快捷键，向下合并图层，然后复制背景图层。接下来开始调色。切换到"通道"面板中，选择"蓝"通道。然后执行"图像>应用图像"命令，参考图2-165设置参数，得到如图2-166所示的效果。

图 2-165

图 2-166

STEP 11 选择"绿"通道，执行"图像>应用图像"命令，按照图2-167所示设置参数后，得到如图2-168所示的效果。

图 2-167

图 2-168

STEP 12 选择"红"通道，执行"图像>应用图像"命令，打开如图2-169所示的对话框，设置参数后，得到如图2-170所示的效果。

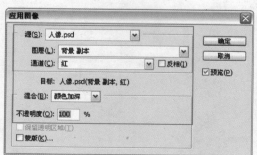

图 2-169

图 2-170

STEP 13 完成后选择 RGB 通道，切换到"图层"面板中，效果如图 2-171 所示。

图 2-171

STEP 14 对背景副本图层执行"图像>调整>亮度/对比度"命令，打开如图 2-172 所示的对话框，适当调整亮度和对比度，得到如图 2-173 所示的效果。

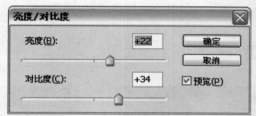

图 2-172

图 2-173

STEP 15 对背景副本图层执行"图像>调整>色阶"命令，打开如图 2-174 所示的对话框，适当调整亮度，完成反转负冲的效果，如图 2-175 所示。

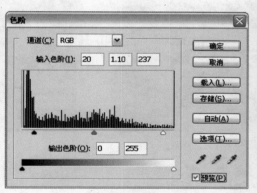

图 2-174

图 2-175

STEP 16 复古风格图像制作完成后，使用文字工具为图像添加适当的文字效果，如图 2-176 所示。

图 2-176

举一反三

制作提示：
反转负冲效果还可以大量运用在静物图片中，这种效果可以使图像中的红色、绿色、蓝色、黄色都变得很饱和，从而产生另一种视觉感受，这是摄影中一个很常见的方法。巧妙运用通道也可以得到这种效果。

光盘路径：
CD\chapter 2\ 我的复古风 \complete\ 举一反三.psd

操作步骤

STEP 01 打开需要处理的图像文件，如图 2-177 所示。

STEP 02 复制背景图层，选择"蓝"通道，对该通道进行"应用图像"处理，如图 2-178 所示。

图 2-177

图 2-178

STEP 03 选择"绿"通道，对该通道进行"应用图像"处理，如图 2-179 所示。

STEP 04 选择"红"通道，对该通道进行"应用图像"处理，如图 2-180 所示。

图 2-179

图 2-180

STEP 05 选择 RGB 通道，切换到"图层"面板中，图像呈正反负冲效果，如图 2-181。

图 2-181

STEP 06 使用"色相／饱和度"命令调整图像的饱和度，再添加文字效果，如图 2-182 所示。

图 2-182

功能技巧归纳

1."消失点"命令是 Photoshop CS2 的一个新增工具，具有很强的修复功能，能快速而准确的对图像进行修复工作，下面将介绍 "消失点"命令的使用方法。

STEP 01 打开 Photoshop CS2 安装程序下的"样本"文件夹中的 Vanishing Point.psd 文件，如果不想对背景图层进行永久性修复，可以先新建一个图层，然后再执行"滤镜>消失点"命令，会发现文件中已经创建好了网格，如图 2-183 所示。

STEP 02 网格的大小决定修复的效果，网格越大，修复的效果越好。这里为了学习创建网格，按 Delete 键删除网格。为了创建方便，按 Alt+Space 键，切换到缩小工具，适当缩小图像后，单击网格工具，沿图像的边缘创建网格，网格的透视关系正确的时候会显示为蓝色，如果是黄色或红色时，表示透视关系不正确，需要适当拖曳网格来调整透视关系，直到网格变成蓝色状态，如图 2-184 所示。

图 2-183

图 2-184

STEP 03 创建网格后，单击选框工具，在需要修复的图像上创建选区，可以发现创建的选区也和网格一样具有透视关系，如图 2-185 所示。选框工具的属性栏中共有 5 项参数，这里重点介绍"修复"下拉列表的设置，选择"关"时，修复的图像不会考虑阴影，选择"开"时，可以保留原图像区域的阴影，使修复效果更真实。这里选择"开"。

图 2-185

STEP 04 按住 Ctrl 键，将鼠标指针向下移动，可以发现选区内的塑料绳不见了，自动变成了地板的图像，稍微调整一下鼠标位置，使地板的图案对齐，完成后释放 Ctrl 键，完成修复，如图 2-186 所示。这是修复的一种方法。

图 2-186

STEP 05 另外还可以通过按下 Alt 键来进行修复。先在一块比较完整的图像上创建选区，如图 2-187 所示。

图 2-187

STEP 06 按住 Alt 键，将选区内的图像拖曳到需要修复的扫帚图像处，适当对齐地板的纹路，图像将自动修复，如图 2-188 所示。

图 2-188

STEP 07 "消失点"对话框中也有图章工具，类似仿制图章工具的使用方法，完成修复后别忘了单击"确定"按钮，否则修复效果无法应用，如图2-189所示。

图2-189

2. "应用图像"命令可以将图像的图层和通道（源）与现有图像（目标）的图层和通道混合。本实例中对通道运用"应用图像"命令，将通道与图像进行混合，产生反转负冲的效果。

执行"应用图像"命令后，在如图2-190所示的对话框中选取要与目标组合的源图像、图层和通道。若要使用源图像中的所有图层，则选择"合并图层"。

图2-190

选择"预览"复选框，在图像窗口中可预览效果。选择"反相"复选框时，在计算中使用通道内容的负片。在"混合"下拉列表中选择一种混合模式。通过输入不透明度来设置效果的强度。选择"保留透明区域"复选框，只将效果应用到结果图层的不透明区域。如果要通过蒙版应用混合，选择"蒙版"复选框，然后选择包含蒙版的图像和图层。

Chapter 3　文字特效专辑

文字在平面设计中是一种非常重要的设计元素,巧妙运用文字的各种特效、变形,或者制作一些特殊质感的文体、立体文字等,可以为您的设计锦上添花。

14 压纹镂空文字

文字特效是我们经常使用的特效之一，金属文字的效果也层出不穷，本例介绍的是一种自定义锈纹镂空的字体，造型别致，质感逼真。

重要功能： 自定形状工具、定义画笔预设、文字工具、图层样式、渐变工具

光盘路径： CD\chapter3\压纹镂空文\complete\压纹镂空文字.psd

操作步骤

STEP 01 按Ctrl+N快捷键，打开"新建"对话框，设置名称为"笔刷"，"宽度"和"高度"均为100像素，"分辨率"为350，单击"确定"按钮，创建一个新的图形文件，如图3-1和图3-2所示。

图 3-1

图 3-2

STEP 02 新建图层1，单击自定形状工具，在其属性栏中单击"路径"按钮，并在"形状"下拉面板中选择"五角星"图案，如图3-3所示。然后在图像窗口中拖曳，创建一个五角星形状的路径，如图3-4所示。

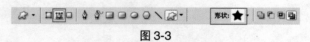

图 3-3

图 3-4

STEP 03 按Ctrl+Enter快捷键，将路径转换为选区，对选区填充黑色，完成后按Ctrl+D快捷键取消选区，如图3-5所示。然后对图层1执行"编辑>定义画笔预设"命令，打开如图3-6所示的对话框，设置画笔名称后，单击"确定"按钮。

图 3-5

图 3-6

STEP 04 笔刷效果创建完成后，按 Ctrl+N 快捷键，打开"新建"对话框，设置名称为"压纹镂空文字"，具体参数设置如图 3-7 所示，完成后单击"确定"按钮，创建一个新的图形文件。

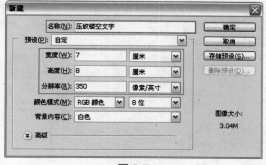

图 3-7

STEP 05 设置前景色为黑色，然后单击文字工具，在图像窗口中输入 PUSH，完成后单击属性栏中的"提交所有当前编辑"按钮，字体的参数设置如图 3-8 所示，效果如图 3-9 所示。

图 3-8

图 3-9

STEP 06 切换到"图层"面板中，对文字图层单击右键，在弹出的快捷菜单中选择"栅格化文字"命令，将文字图层转换为普通图层。然后双击 PUSH 图层，弹出"图层样式"对话框，参照图 3-10～图 3-14 设置 5 种图层样式的参数。效果如图 3-15 所示。

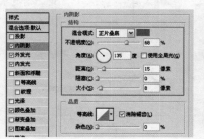

图 3-10

图 3-11

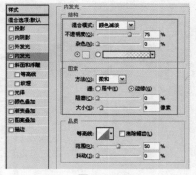

图 3-12

图 3-13

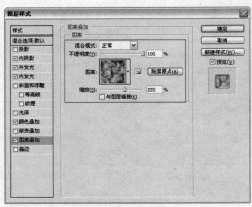

图 3-14   图 3-15

STEP 07 接下来制作压纹镂空效果。单击橡皮擦工具 🖉，在属性栏的右边单击"画笔"标签，选择前面定义好的笔刷形状，并设置画笔的动态形状，如图 3-16、图 3-17 和图 3-18 所示。

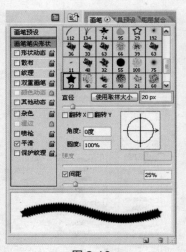

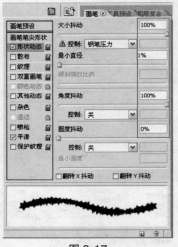

图 3-16   图 3-17   图 3-18

STEP 08 切换到图像窗口中，在文字上单击，可随机擦掉图像，还可以通过按[键和]键来调整画笔的大小，如图 3-19 和图 3-20 所示。

图 3-19   图 3-20

STEP 09 下面为图像添加其他文字效果，使图像效果更丰富。单击"图层"面板底部的"创建新组"按钮□，创建图层组 words。然后使用文字工具输入一些文字，文字可以根据自己的设计风格和喜好来输入，只要美观和谐即可，如图 3-21 和图 3-22 所示。

图 3-21

图 3-22

STEP 10 如果觉得图像太平面化了，还可以制作翻页效果。新建一个图层组，在图层组内新建一个图层，首先使用矩形选框工具□创建一个选区，然后对选区填充灰色（#b1b1b1），如图 3-23 和图 3-24 所示。

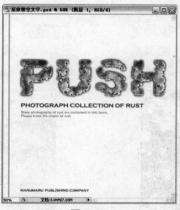

图 3-23

图 3-24

STEP 11 使用矩形选框工具□在步骤 10 创建的灰条左边创建一个矩形选区。单击渐变工具□，单击工具属性栏上的渐变颜色条，在打开的"渐变编辑器"对话框中设置渐变参数，如图 3-25 所示。新建图层 2，对选区从右到左进行填充，完成后取消选区，如图 3-26 所示。

图 3-25

图 3-26

制作提示:

使用定义的笔刷样式在图像中涂抹,创建连续的铁锈图像。然后选择文字蒙版工具,输入文字选区,再删除选区内的图像即可。最后还可以使用橡皮擦工具随机擦掉图像,调整镂空效果。

光盘路径:

CD\chapter3\压纹镂空文字\complete\举一反三.psd

操作步骤

STEP 01 新建一个图像文件,选择画笔工具,并选择五角星的笔刷,然后在图像窗口中涂抹,创建图像的背景,如图 3-27 所示。

STEP 02 对图像应用内阴影、外发光、内发光、颜色叠加、图案叠加等图层样式,使图像产生金属质感,如图 3-28 所示。

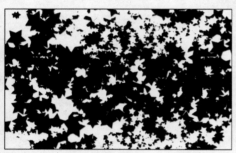

图 3-27

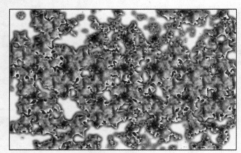

图 3-28

STEP 03 使用文字工具在图像窗口中输入文字,如图 3-29 所示。

STEP 04 载入文字的选区,在制作好的图像中按 Delete 键删除文字选区内的图像。然后适当运用橡皮擦工具随机擦掉图像,调整镂空效果,如图 3-30 所示。

图 3-29

图 3-30

功能技巧归纳

1. 自定形状工具在设计中比较常用，它提供了很多特殊的形状，以便在需要时随时调用。在其属性栏上有很多设置项，可根据需要进行设置，如图 3-31 所示。

形状图层 路径 填充图层　　　　　　　　　形状选择列表

图 3-31

在"形状"下拉面板中，还可以通过单击面板右上角的 按钮，在弹出的下拉菜单中选择形状的一些设置参数，选择"全部"选项，会在"形状"下拉面板中显示所有的形状，如图 3-32 所示。

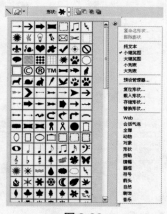

图 3-32

2. 将路径快速转为选区，可以直接按 **Ctrl+Enter** 快捷键。

3. 利用"定义画笔预设"命令可以将制作好的图案定义为笔刷，以便使用画笔工具绘制图形，定义后的画笔样式会自动添加到"画笔"面板中。这个命令对于制作一些特殊的画笔非常好用。

4. 画笔工具的大小可以通过按 [键和] 键来调整。

5. 橡皮擦工具的笔刷和画笔工具的笔刷相同，不同的是橡皮擦工具是擦除，画笔工具是绘制。

15 景深立体感文字

坦克大战游戏是一款经典的二维游戏，本实例将制作草地迷宫的效果，同时加上一些景深效果，使图像效果更丰富。

重要功能： 文字工具、"撕边"滤镜、"玻璃"滤镜、"杂色"滤镜、"模糊"滤镜、"色彩范围"命令

光盘路径： CD\chapter3\景深立体感文字\complete\景深立体感文字.psd

操作步骤

STEP 01 按 Ctrl+N 快捷键，打开"新建"对话框，设置名称为"景深立体感文字"，具体参数设置如图 3-33 所示，完成后单击"确定"按钮，创建一个新的图形文件。

图 3-33

STEP 02 设置前景色为绿色（＃0d600d），背景色为白色，单击文字工具 [T]，在图像窗口中输入 TANK，字体的参数设置如图 3-34 所示，效果如图 3-35 所示。

图 3-34

图 3-35

STEP 03 栅格化文字图层后，对 TANK 图层执行"滤镜>素描>撕边"命令，对文字图层进行撕边处理，具体参数设置如图 3-36 所示。完成后单击"确定"按钮。

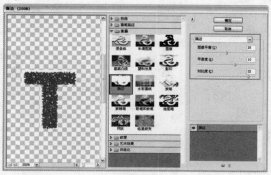

图 3-36

STEP 04 继续对该图层执行"滤镜>扭曲>玻璃"命令，适当设置参数，如图 3-37 所示，完成后单击"确定"按钮。

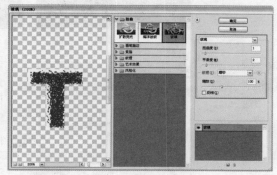

图 3-37

STEP 05 对背景图层填充黑色后，文字图像如图 3-38 所示，文字周围有白边，下面去掉白边。选择 TANK 图层，执行"选择>色彩范围"命令，打开如图 3-39 所示的对话框，使用吸管工具在文字的白色处单击，也可以在图像窗口中的白色区域单击，完成后单击"确定"按钮后，自动建立选区，如图 3-40 所示。

图 3-38

图 3-40

图 3-39

STEP 06 保持选区，按 Ctrl+Shift+I 快捷键，反选选区，然后按 Delete 键删除多余的图像。完成后取消选区，再对背景图层填充绿色（#229200），如图 3-41 所示。

图 3-41

STEP 07 选择TANK图层，执行"滤镜>杂色>添加杂色"命令，打开如图3-42所示的对话框，适当设置参数后，效果如图3-43所示。继续执行"滤镜>模糊>高斯模糊"命令，打开如图3-44所示的对话框，对文字图像进行适当的模糊处理，效果如图3-45所示。

图 3-42   图 3-43

图 3-44   图 3-45

STEP 08 双击TANK图层，弹出"图层样式"对话框，选择"投影"和"斜面和浮雕"选项，参照图3-46和图3-47设置图层样式的参数。

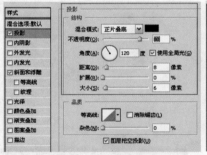 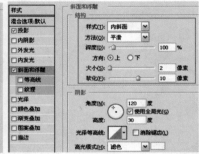

图 3-46   图 3-47

STEP 09 对背景图层应用与步骤8中相同参数的"添加杂色"命令，效果如图3-48所示。此时的"图层"面板如图3-49所示。

图 3-48   图 3-49

STEP 10 新建一个图层，执行"视图>显示>网格"命令，显示网格，网格大小是默认的25mm，可以根据需要重新设置网格的大小。执行"编辑>首选项>参考线、网格和切片"命令，打开如图3-50所示的对话框，设置"网格线间隔"为16mm，效果如图3-51所示。

图 3-50   图 3-51

STEP 11 单击矩形选框工具，单击属性栏上的"添加到选区"按钮，利用网格来创建选区，如图3-52和图3-53所示。这里为了观察才填充为白色，读者可以参考图3-53创建选区，方便操作。

图 3-52

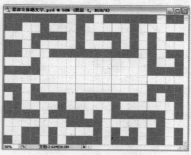

图 3-53

STEP 12 保持选区，反选选区，对选区填充与文字颜色相同的绿色，然后应用与文字效果相同的图层样式和滤镜效果，如图3-54所示。此时的"图层"面板如图3-55所示。

图 3-54

图 3-55

STEP 13 为草地图像添加景深效果，为了使效果更自然，使用矩形选框工具在图像的中心创建一个矩形选区，如图3-56所示。然后对其进行羽化处理，设置"羽化半径"为30像素，如图3-57所示。

图 3-56

图 3-57

STEP 14 反选选区后执行"滤镜>模糊>径向模糊"命令，打开如图3-58所示的对话框，适当设置径向模糊的中心点和参数，效果如图3-59所示。

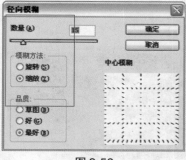

图 3-58

图 3-59

STEP 15 图像大概制作完成后，为图像添加装饰条。新建一个图层，使用矩形选框工具在图像窗口的底部创建一个矩形选区，并填充红色（＃e94500），应用"图层样式"命令，参数设置如图 3-60 所示。

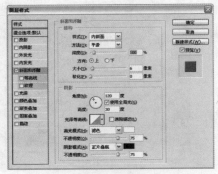

图 3-60

STEP 16 最后输入白色的文字，字符设置和效果如图 3-61 和图 3-62 所示。

图 3-61   图 3-62

如果还想为图像添加其他效果，使画面更丰富，可以进行下面的操作。

STEP 17 选择自定形状工具，在其属性栏中单击"路径"按钮，并在"形状"下拉面板中选择"雪花"图案，然后在图像窗口中创建一些大小不等的雪花路径，如图 3-63 所示。按 Ctrl+Enter 快捷键，将路径转换为选区。新建一个图层后，对选区填充白色。完成后取消选区，如图 3-64 所示。

图 3-63   图 3-64

STEP 18 为雪花适当应用一些径向模糊效果，如图 3-65 所示。同样可以创建选区，去掉一些雪花图像，使图像的景深效果更有层次感，如图 3-66 所示。

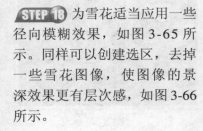  

图 3-65   图 3-66

📋 **制作提示：**

利用"斜面和浮雕"图层样式，还可以制作水泥岩质的文字。首先使用"便条纸"滤镜制作颗粒纹理，然后应用"斜面和浮雕"图层样式，这里需要在"纹理"栏中选择适合的一种纹理，使水泥颗粒效果更真实。

💿 **光盘路径：**

CD\chapter3\景深立体感文字\complete\举一反三.psd

操作步骤

STEP 01 新建一个图像文件，对背景填充灰色，并应用"便条纸"滤镜，为背景图像增加颗粒质感，如图 3-67 所示。

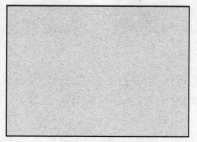

图 3-67

STEP 02 使用矩形选框工具创建边框选区后，对选区填充灰色，并应用"便条纸"滤镜。再添加"斜面和浮雕"图层样式，增强边框的厚度感，如图 3-68 所示。

STEP 03 使用文字工具输入文字，并对文字应用与边框相同的处理方法，如图 3-69 所示。

图 3-68

图 3-69

STEP 04 使用矩形选框工具创建边框选区后填充红色，然后对图像应用"撕边"滤镜，使图像产生齿边效果，如图 3-70 所示。

STEP 05 最后为图像添加文字，产生印章效果，如图 3-71 所示。

图 3-70

图 3-71

功能技巧归纳

　　1."撕边"滤镜用前景色为图像暗部区着色、用背景色为图像的亮部区着色，在反差明显的图像边缘添加杂色来制作被撕裂的效果，例如对纸做撕边等效果。

　　在"撕边"对话框中，"图像平衡"用来控制前景色与背景色的比例，值越大前景色显示的区域面积就越大。"平滑度"用来控制边缘的平滑程度，值越大边缘越平滑。"对比度"用来控制撕边效果中前景色与背景色的反差，值越大反差越明显，撕边效果也越强烈。对如图3-72所示的图像进行撕边，效果如图3-73所示。

图 3-72　　　　　　　　　　　　　图 3-73

　　2."色彩范围"命令可以选取图像中指定颜色的图像选区。在"色彩范围"对话框中可以通过调整"颜色容差"滑块来调整选择的色彩容差范围，几个吸管工具可以帮助您创建选区、加选选区、减选选区。

　　运用"色彩范围"命令选取图像中相隔很多的单色很有用，对如图3-74所示的图像选择绿色的叶子，如图3-75和图3-76所示。

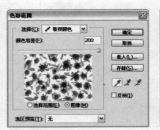

图 3-74　　　　　　　　　图 3-75　　　　　　　　　图 3-76

　　3."添加杂色"滤镜可以使图像随机产生像素点，使图像有一种粗糙颗粒的效果。在"添加杂色"对话框中，"数量"用于控制杂点的数量，值越大效果越明显。在"分布"区域有"平均分布"和"高斯分布"两个单选按钮，对如图3-77所示的图像应用"高斯分布"的杂色效果如图3-78所示。选择"单色"复选框后，杂点改变为灰度单色点，如图3-79所示。

图 3-77　　　　　　　　　图 3-78　　　　　　　　　图 3-79

　　4. 按 Ctrl+~ 快捷键，显示网格，如果需要对网格的大小进行修改，执行"编辑>首选项>参考线、网格和切片"命令，在弹出的对话框中设置"网格线间隔"的数值。需要隐藏网格时，按 Ctrl+H 快捷键。

　　5."径向模糊"滤镜模拟变焦方式拍摄运动物体的效果，使被拍摄的图像周围产生放射状的模糊效果。在"径向模糊"对话框中，"数量"用于控制模糊的强度，数值越大，模糊效果更强烈。在"模糊方法"中有两种模糊方式，"旋转"主要模拟圆形、球状的模糊效果，如图 3-80 所示；"缩放"主要模拟放射状的模糊效果，如图 3-81 所示。

图 3-80

图 3-81

16 铁网文字

《侏罗记公园》这部经典的电影相信很多人都看过，其中的铁网一定也给您留下深刻的印象吧。本例将巧妙应用滤镜即可将普通的图像和文字变成铁网效果，下面就来动手试试吧。

重要功能："塑料效果"滤镜、"光照效果"滤镜、"内阴影"图层样式、"斜面和浮雕"图层样式

光盘路径：CD\chapter3\铁网文字\complete\铁网文字.psd

操作步骤

STEP 01 按Ctrl+N快捷键，打开"新建"对话框，设置名称为"铁网文字"，具体设置参数如图3-82所示，完成后单击"确定"按钮，创建一个新的图形文件。

图 3-82

STEP 02 按 D 键恢复"颜色"面板的默认颜色，然后单击文字工具 T，在图像窗口输入 STOP NOISE，如图 3-83 所示。STOP 文字的参数设置如图 3-84 所示，NOISE 文字的参数设置如图 3-85 所示。如果觉得段落文本不容易控制位置，可以分别输入 STOP 和 NOISE。

图 3-83

图 3-84

图 3-85

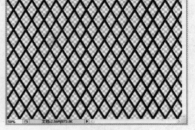

STEP 03 按Ctrl+O快捷键，打开如图3-86所示的对话框，选择本书配套光盘中chapter 3\铁网文字\media\铁网.psd文件后，单击"打开"按钮，打开"铁网.psd"文件，如图3-87所示。

图 3-86　　　　　　图 3-87

STEP 04 选择移动工具，拖曳铁网图像到"铁网文字.psd"文件中，并调整铁网的位置，如图3-88所示，此时的"图层"面板如图3-89所示。

图 3-88　　　　　　图 3-89

STEP 05 单击橡皮擦工具，擦掉文字和铁网重叠交叉的部分，使文字类似镶嵌在铁网上，如图3-90所示。完成后将文字图层进行栅格化处理。然后选择NOISE图层，连续按下两次Ctrl+E快捷键，将文字图层和铁网图层合并为一个图层，如图3-91所示。

图 3-90　　　　　　图 3-91

STEP 06 对图层1执行"滤镜>素描>塑料效果"命令，打开如图3-92所示的对话框，适当调整参数后使铁网变成金属效果，如图3-93所示。

图 3-92　　　　　　图 3-93

STEP 07 双击图层1,对图层1应用"投影"图层样式,参照图3-94所示设置参数,使铁网的效果更逼真,如图3-95所示。

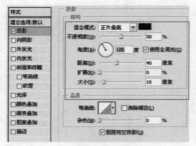

图 3-94

图 3-95

STEP 08 下面制作背景图像。在背景图层上新建一个图层2,对其填充棕色(#7b3000),然后对图层2执行"滤镜 > 纹理 > 纹理化"命令,打开如图3-96所示的对话框,适当调整参数后得到砖墙效果,如图3-97所示。

图 3-96

图 3-97

STEP 09 按Ctrl+O快捷键,打开本书配套光盘中chapter3\铁网文字\media\图标.jpg文件。然后使用魔棒工具单击图像背景中黑色的部分,如图3-98所示。创建选区后反选选区,即可选中图标的图像范围,如图3-99所示。

图 3-98

图 3-99

STEP 10 保持选区,选择移动工具,将选区内的图像拖曳到"铁网文字.psd"文件中,然后对新图层应用"内阴影"和"斜面和浮雕"图层样式,使图标有嵌入到砖墙中的效果,如图3-100和图3-101所示。

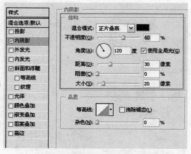

图 3-100

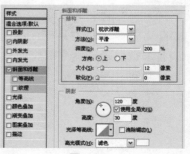

图 3-101

STEP 11 这里为了观察效果，隐藏图层1，效果如图3-102所示。此时的"图层"面板如图3-103所示。

图 3-102

图 3-103

STEP 12 分别对图层2和图层3执行"滤镜>渲染>光照效果"命令，使砖墙的光线有层次感，图层2的参数设置如图3-104所示，图层3的参数设置如图3-105所示。

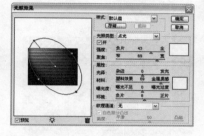

图 3-104

图 3-105

STEP 13 此时的光照效果如图3-106所示。最后为图像的底部加入一些装饰元素，颜色和文字都可以根据自己的设计需要来调整，如图3-107所示。

图 3-106

图 3-107

制作提示：
上面制作的是金属网的效果，也可以运用"塑料效果"制作金属网板钻孔的效果。首先输入文字后，先运用"半调图案"滤镜制作网板的基础图案，注意需要确定前景色为黑色，背景色为白色。而且在对话框中要选择"网点"。然后重新设置前景色为白色后，运用"塑料效果"滤镜，适当调整参数即可制作出金属网板钻孔的效果。

光盘路径：
CD\chapter 3\铁网文字\complete\举一反三.psd

操作步骤

STEP 01 新建图像文件，然后输入黑色的文字，如图3-108所示。合并文字图层和背景图层后复制图层，设置前景色为黑色，背景色为白色，并对复制图层应用"半调图案"滤镜，选择"网点"图案类型，效果如图3-109所示。

图 3-108

图 3-109

STEP 02 复制步骤1中经复制调整后的图层，对新复制的图层应用"塑料效果"滤镜，适当调整参数，使文字成金属板钻孔的效果，如图3-110所示。使用矩形选框工具和文字工具适当为图像添加装饰元素，如图3-111所示。

图 3-110

图 3-111

功能技巧归纳

1. "塑料效果"滤镜运用前景色和背景色为图像上色，使图像的暗部区凸起，亮部区凹陷，模拟石膏压模成的图像效果。还可以运用该命令为图像表现一些特殊的质感效果。"图像平衡"用来控制前景色与背景色的比例平衡，值越大前景色越强烈。"平滑度"用来控制立体效果的平滑程度，值越大效果越平滑。"光照"下拉列表用于选择光源照射的方向，方向不同，立体的效果也会不同，如图3-112所示为黑白颜色的铁网效果，如图3-113所示为红黑颜色的上漆的铁网效果。

图 3-112

图 3-113

2."光照效果"滤镜通过选择不同的光源、光照类型和光线属性，为图像添加不同的光照效果。在"光照效果"对话框中，左边的预览区用于控制光线的方向和灯光的盏数。右边的参数区控制灯光的强度、范围等。运用该滤镜可以为图像添加很多特殊的光照效果，对如图3-114所示的图像添加光照效果，如图3-115和图3-116所示。

图 3-114　　　　　　　　　图 3-115　　　　　　　　　图 3-116

17 POP 文字

POP 文字在商场、卖场随处可见，POP 文字以轻松的形象带给消费者各种信息，这种文字颜色丰富、生动活泼，容易引起消费者注意，也能留下比较深刻的印象。本例巧妙应用各种图层样式效果，制作出漂亮的 POP 文字效果。

📢 **重要功能**：投影、内阴影、外发光、内发光、斜面和浮雕、等高线、纹理、渐变叠加等图层样式。

📀 **光盘路径**：CD\chapter3\ POP文字\complete\POP文字.psd

操作步骤

STEP 01 按 Ctrl+N 快捷键，打开"新建"对话框，设置"名称"为"POP 文字"，具体参数设置如图 3-117 所示，完成后单击"确定"按钮，创建一个新的图形文件。

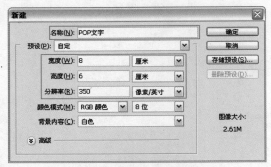

图 3-117

STEP 02 设置前景色为 # f2afaf，然后选择文字工具 T，在图像窗口输入 CHEAP，字体的设置参数如图 3-118 所示，效果如图 3-119 所示。

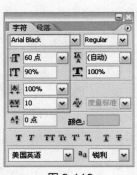

图 3-118

图 3-119

STEP 03 双击文字图层，对文字应用 5 种图层样式效果，参考图 3-120～图 3-126 设置图层样式的参数，其中渐变叠加的颜色为 # fbfae1 和 # ec870e。完成效果如图 3-127 所示。

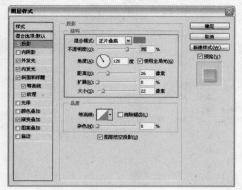

图 3-120

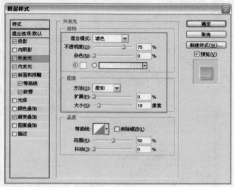

图 3-121

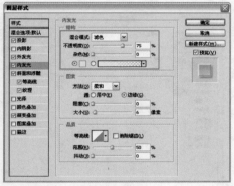

图 3-122

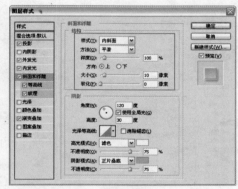

图 3-123

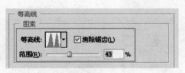

图 3-124

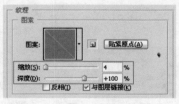

图 3-125

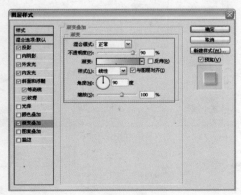

图 3-126

图 3-127

STEP 04 使用文字工具输入
POP，文字的参数设置和效果
如图 3-128 和图 3-129 所示。

图 3-128

图 3-129

STEP 05 双击该文字图层，对文字应用 6 种图层样式效果，参考图 3-130～图 3-137 设置图层样
式的参数，其中渐变叠加的颜色为白色和 # 5ad6ec。完成效果如图 3-138 所示。

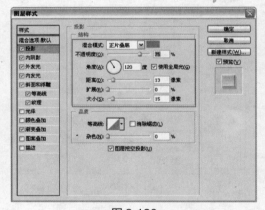

图 3-130

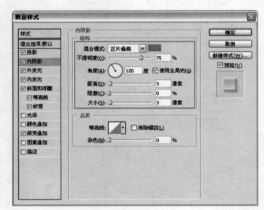

图 3-131

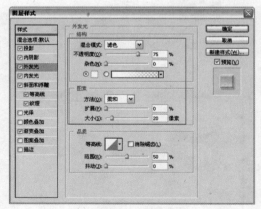

图 3-132

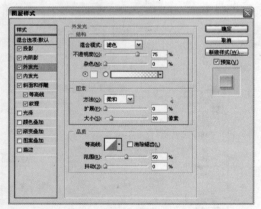

图 3-133

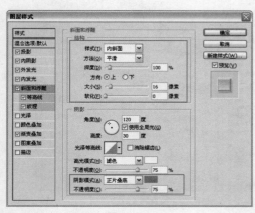

图 3-134

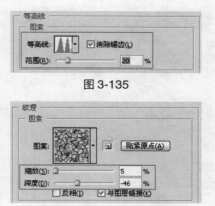

图 3-135

图 3-136

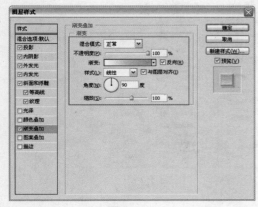

图 3-137

图 3-138

STEP 06 使用文字工具输入 shopping，文字参数设置效果如图 3-139 和图 3-140 所示。双击该文字图层，对文字应用 5 种图层样式效果，参考图 3-141～图 3-147 设置图层样式的参数，其中渐变叠加的颜色为 #55c007 和 # f4f7a0。完成效果如图 3-148 所示。

图 3-139

图 3-140

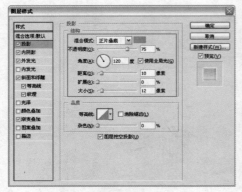

图 3-141

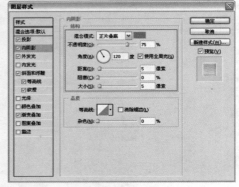

图 3-142

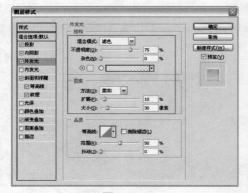

图 3-143

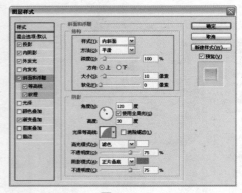

图 3-144

图 3-145

图 3-146

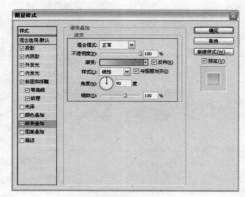

图 3-147

图 3-148

STEP 07 下面制作一些装饰元素。选择自定形状工具 ，在其属性栏中单击"路径"按钮，在"形状"下拉面板中选择"花瓣"的图案，如图3-149所示。然后在图像窗口创建一个路径。按Ctrl+Enter快捷键，将路径转换为选区。新建一个图层，对选区填充渐变颜色（从＃f94eeb到＃f3c8f8）。完成后取消选区，如图3-150所示。

图 3-149

图 3-150

STEP 08 对步骤7创建的图像应用两种图层样式效果，参照图3-151和图3-152设置参数。

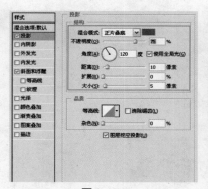

图 3-151

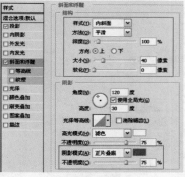

图 3-152

STEP 09 添加图层样式后的效果如图3-153所示，此时的"图层"面板如图3-154所示。

图 3-153

图 3-154

STEP 10 复制图层1，为图层 1副本图层添加"等高线"和"渐变叠加"图层样式，可以制作出另一种效果的装饰图案，如图3-155和图3-156所示。完成效果如图3-157所示。

图 3-155　　　　　　　　　图 3-156

图 3-157

STEP 11 在背景图层上新建一个图层，选择渐变工具，在属性栏设置颜色参数。然后对其进行渐变填充，如图3-158所示。这里为了观察效果，隐藏其他图层，如图3-159所示。

图 3-158　　　　　　　　　图 3-159

STEP 12 按Ctrl+O快捷键，打开本书配套光盘中chapter 3\POP文字\media\布.jpg文件，如图3-160所示。然后使用移动工具拖曳布纹图像到"POP文字.psd"文件中，再将该图层的混合模式修改为"柔光"，如图3-161所示。

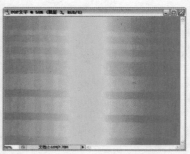

图 3-160　　　　　　　　　图 3-161

STEP 13 背景制作完成后，显示所有的文字图层，然后对文字图层进行栅格化处理，再分别选择各图层，按Ctrl+T快捷键，调整文字的角度、位置及大小等，如图3-162所示。

图 3-162

STEP 14 显示装饰图像的图层，同样可以复制多个图层，并调整图像的大小、角度、颜色等，使图像效果更丰富，如图3-163和图3-164所示。

图 3-163

图 3-164

STEP 15 可以根据自己的设计要求进行适当调整背景颜色文字的颜色以及排列位置，还可以适当加入一些文字，如图3-165所示。或者适当裁切一下图像大小，使图像的分布更紧凑，如图3-166所示。

图 3-165

图 3-166

制作提示：
颜色鲜艳是POP文字的一个显著特点，适当调整文字的排列角度和颜色，使整个画面的色调更美观和谐即可。背景的颜色可以直接通过渐变工具来制作，还可以为背景颜色应用"纹理化"滤镜，增加布纹的纹理感。

光盘路径：
CD\chapter3\ POP文字\complete\举一反三.psd

操作步骤

STEP 01 新建一个图像文件，新建一个图层，并对新图层应用渐变填充，完成后对图层应用"纹理化"滤镜，增强背景的布纹效果，如图3-167所示。

STEP 02 合成一张布纹的图像，并修改图层混合模式为"柔光"，使布纹花格和布纹背景更好的融合，如图3-168所示。

STEP 03 使用文字工具输入文字，并对文字应用多种图层样式，增强文字的质感，如图3-169所示。

图 3-167

图 3-168

图 3-169

STEP 04 使用文字工具输入其他文字，然后应用图层样式效果，如图3-170所示。

STEP 05 新建图层，然后使用自定形状工具绘制花形路径，应用图层样式效果，为图像添加一些装饰元素，如图3-171所示。

STEP 06 复制图像，修改装饰元素的大小、颜色和位置，如图3-172所示。

图 3-170

图 3-171

图 3-172

功能技巧归纳

　　运用简单的图层样式就可以制作出丰富的图像效果，在本实例中大量运用了图层样式，在此介绍一下几种常见的图层样式。

　　（1）"投影"图层样式可以为图像添加自然的阴影效果，在"投影"区域，通常运用几种参数：投影的阴影不透明度，阴影的距离、大小，等高线主要控制阴影的投影方式，如图3-173和图3-174所示。

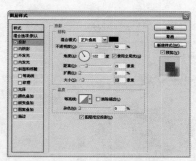

图 3-173

图 3-174

（2）"斜面和浮雕"图
层样式可以为图像添加斜面、
浮雕的效果，增强图像的立
体感。这个图层样式往往需
要配合"投影"图层样式一
起使用。其中"等高线"和
"纹理"区域还可以设置斜
面和浮雕的一些特殊效果，
如图 3-175 和图 3-176 所示。

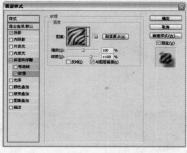

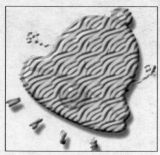

图 3-175

图 3-176

（3）"描边"图层样式
可以快捷的为图像轮廓进行描
边处理，运用图层样式来描
边的好处就是可以根据图像的
效果随意调整，还可以预览，
如图 3-177 和图 3-178 所示。

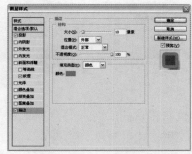

图 3-177

图 3-178

18 岩质文字

岩质干燥的土地常常和环保结合在一起，本实例利用环保主题，制作岩质文字，重点表现岩石的干燥效果。

重要功能："染色玻璃"滤镜、"喷溅"滤镜、"液化"滤镜、魔棒工具、文字工具、"斜面和浮雕"图层、渐变工具。

光盘路径：CD\chapter 3\岩质文字\complete\岩质文字效果.psd

操作步骤

STEP 01 按Ctrl+N快捷键，打开"新建"对话框，设置"名称"为"岩质文字效果"，具体参数设置如图3-179所示，完成后单击"确定"按钮，创建一个新的图形文件。

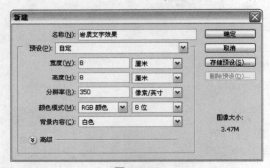

图 3-179

STEP 02 按D键恢复默认颜色，复制背景图层，对背景副本图层执行"滤镜>纹理>染色玻璃"命令，打开如图3-180所示的对话框，设置参数后图像窗口中出现纹理，如图3-181所示。

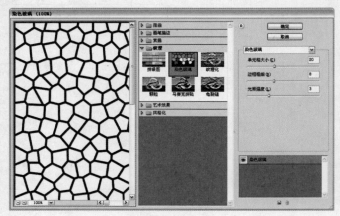

图 3-180

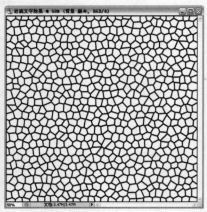

图 3-181

STEP 03 对背景副本图层执行"滤镜>画笔描边>喷溅"命令，打开如图 3-182 所示的对话框，适当修改参数，为纹理增加喷溅的自然磨边效果，如图 3-183 所示。

图 3-182

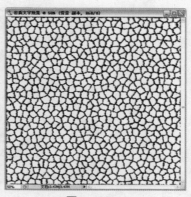

图 3-183

STEP 04 单击魔棒工具 ，在属性栏上设置"容差"为 10，取消选择"连续"复选框。在图像窗口中白色的图像区域单击即可创建选区，然后对选区填充棕色（# 9c6a39），如图 3-184 所示。保持选区，按 Ctrl+Alt+I 快捷键反选选区，然后按 Delete 键删掉多余的图像，如图 3-185 所示。

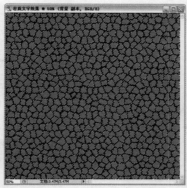

图 3-184

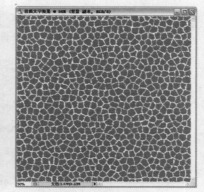

图 3-185

STEP 05 新建一个图层，设置前景色为红色（# ff0000）。单击画笔工具 ，在属性栏上选择画笔的大小，然后在图像窗口手绘出 ROCK 的英文字母，如图 3-186 所示。完成后修改图层 1 的混合模式为"变暗"，效果如图 3-187 所示。

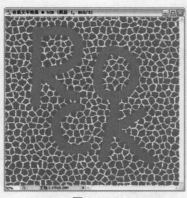

图 3-186

图 3-187

STEP 06 对图层 1 执行"滤镜>液化"命令，打开如图 3-188 所示的对话框，适当调整画笔的大小和压力，然后对文字进行适当的拖曳，使文字的纹理效果更好，以便后面的操作，如图 3-189 所示。

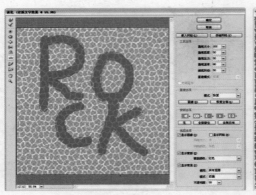

图 3-188 　　　　　　　　　　　　　 图 3-189

STEP 07 对背景副本图层应用"滤镜>液化"命令，打开如图 3-190 所示的对话框，对文字周围的纹理进行拖曳涂抹，使纹理产生裂口的效果，如图 3-191 所示。

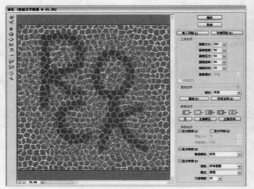
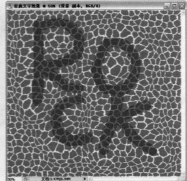

图 3-190 　　　　　　　　　　　　　 图 3-191

STEP 08 接下来双击背景副本图层，应用"斜面和浮雕"图层样式，参照图 3-192 和图 3-193 适当设置参数后，使文字的岩质效果增加立体感，如图 3-194 所示。

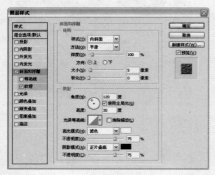
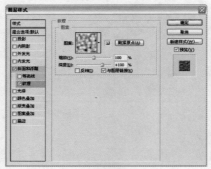

图 3-192 　　　　　　　 图 3-193 　　　　　　　 图 3-194

STEP 09 对背景图层填充黑色，使岩石的效果更真实，如图 3-195 所示。此时的"图层"面板如图 3-196 所示。

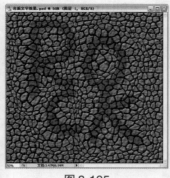
图 3-195

图 3-196

STEP 10 新建图层 2，重新载入"背景副本"图层选区，然后反选选区，对选区填充红色（＃ff0000），如图 3-197 所示。完成后取消选区，重新载入图层 1 的选区，反选选区后在图层 2 中按 Delete 键删除多余的图像，隐藏图层 1，文字只有红色的纹理线条，如图 3-198 所示。此时的"图层"面板如图 3-199 所示。

图 3-197

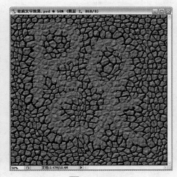
图 3-198

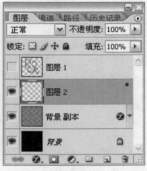
图 3-199

STEP 11 重新载入图层 1 的选区，执行"选择>修改>收缩"命令，打开如图 3-200 所示的对话框，设置"收缩量"为 20，然后对收缩后的选区填充红色（＃ff0000）。这里一定要注意填充时必须对图层 2 进行填充。完成后取消选区，如图 3-201 所示。此时的"图层"面板如图 3-202 所示。

图 3-200

图 3-201

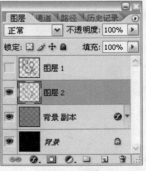
图 3-202

STEP 12 单击渐变工具 ，在属性栏上单击渐变颜色条，打开如图 3-203 所示的对话框，设置渐变的颜色，颜色的色标依次为 # ff2c00、# ff7318 和 # fa300f，完成后载入图层 2 的选区，使用渐变工具对选区从左上角到右下角方向进行线性渐变填充，如图 3-204 所示。最后取消选区。

图 3-203

图 3-204

STEP 13 再次载入图层 1 的选区，执行"选择>修改>扩展"命令，打开如图 3-205 所示的对话框，设置"扩展量"为 20。再按 Ctrl+Alt+D 快捷键，打开如图 3-206 所示的对话框，设置"羽化半径"为 15。效果如图 3-207 所示。

图 3-205

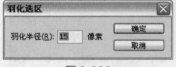

图 3-206

图 3-207

STEP 14 保持选区后按 Ctrl+Alt+I 快捷键反选选区。选择背景副本图层，执行"滤镜>模糊>高斯模糊"命令，打开如图 3-208 所示的对话框，设置"半径"为 7，使背景的边缘变得模糊，如图 3-209 所示。完成后取消选区。

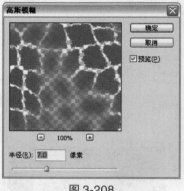

图 3-208

图 3-209

STEP 15 新建一个图层，选择画笔工具，选择如图 3-210 所示的笔刷和画笔直径，设置前景色为红色（# ff0000），然后在文字图像附近单击，不需要涂抹，连续单击，这样效果更自然，如图 3-211 所示。此时的"图层"面板如图 3-212 所示。

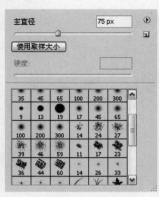

图 3-210　　　　　　　　　图 3-211　　　　　　　　　图 3-212

STEP 16 双击图层 3，对图层 3 应用"斜面和浮雕"图层样式，参数设置如图 3-213 和图 3-214 所示，效果如图 3-215 所示。

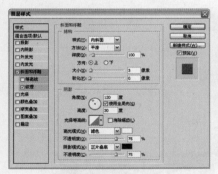

图 3-213　　　　　　　　　图 3-214　　　　　　　　　图 3-215

STEP 17 对图层 3 按下 Ctrl+U 快捷键，打开如图 3-216 所示的对话框，适当调整参数，增强岩质文字的稀释感，如图 3-217 所示。

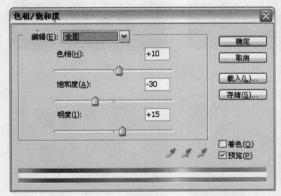

图 3-216　　　　　　　　　图 3-217

STEP 18 同时选择除图层1以外的图层，将其拖曳到"创建新图层"按钮 上，复制这4个图层，如图3-218所示。然后按Ctrl+E快捷键合并复制的图层，并将合并图层重新命名为"底图"，如图3-219所示。

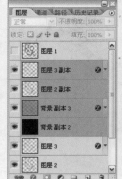

图 3-218　　　　图 3-219

STEP 19 隐藏"背景副本"图层、图层2和图层3。然后对底图图层按Ctrl+T快捷键，适当调整图像的大小，如图3-220所示，完成后按Enter键。为了确定大小，这里显示了标尺。

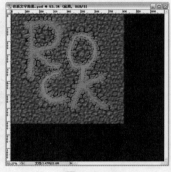

图 3-220

STEP 20 单击仿制图章工具 ，按住Alt键单击图像窗口中岩石的图像，以便吸取需要复制的图像，如图3-221所示。释放Alt键，在底图图层的黑色地方单击，可粘贴刚刚复制的图像，如图3-222所示。

图 3-221　　　　图 3-222

STEP 21 使用相同的方法，对图像中其他地方进行复制，效果如图3-223和图3-224所示。吸取图像的时候注意在周围吸取，不要复制红色的文字。

图 3-223　　　　图 3-224

STEP 22 按Ctrl+O快捷键，在弹出的对话框中打开本书配套光盘中chapter 3\岩石文字\media\地球.jpg文件，如图3-225所示。使用椭圆选框工具 在图像中创建一个圆形选区。使用移动工具 将选区内的图像拖曳到"岩石文字.psd"文件中，如图3-226所示。

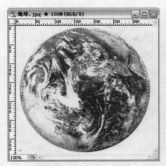
图 3-225

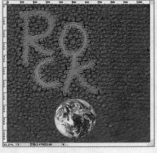
图 3-226

STEP 23 对图层4按Ctrl+T快捷键，适当调整图像的大小和位置，然后修改图层4的图层混合模式为"正片叠底"，"图层"面板和效果分别如图3-227和图3-228所示。

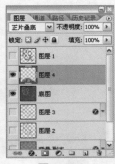
图 3-227

图 3-228

STEP 24 对图层4按Ctrl+U快捷键，打开如图3-229所示的对话框，调整各项参数，完成效果如图3-230所示。

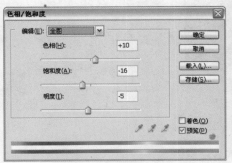

图 3-229

图 3-230

STEP 25 选择底图图层，单击"图层"面板底部的"添加图层蒙版"按钮 。单击渐变工具 ，设置前景色为黑色，选择从前景到透明的渐变样式。在蒙版中分别从右到左和从下到上进行线性渐变填充，如图3-231所示。此时的"图层"面板如图3-232所示。

图 3-231

图 3-232

STEP 26 最后为图像添加一些装饰元素和文字，使图像效果更丰富和完整。装饰元素的创建方法都非常简单，主要起到点缀的作用。完成后将文字栅格化处理，如图3-233所示。

图 3-233

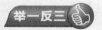

制作提示：
利用岩石文字的纹理，可以制作哈密瓜的纹理。首先运用"染色玻璃"滤镜制作纹理，再复制纹理并缩小纹理，适当错开纹理，形成交错的状态。然后运用"球面化"滤镜使哈密瓜的纹理球面化。添加"斜面和浮雕"图层样式可使纹理具有立体感。接着再对哈密瓜的底纹运用"纹理化"滤镜，增强哈密瓜皮的粗糙质感。最后适当使用加深工具和减淡工具来处理哈密瓜的亮部和暗部。

光盘路径：
CD\chapter3\岩质文字\complete\举一反三.psd

操作步骤

STEP 01 新建一个图像文件，使用前面介绍的方法创建黑色的网状图像，如图3-234所示。

STEP 02 新建一个图层，使用魔棒工具选取黑色的图像选区，然后在新图层中填充黄色，如图3-235所示。

STEP 03 复制一次新图层，然后适当调整图像的位置，使黄色的网格更复杂，如图3-236所示。

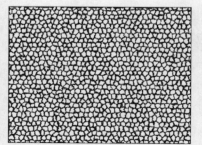

图 3-234

图 3-235

图 3-236

STEP 04 新建一个图层，并填充绿色，然后对该图像运用"纹理化"滤镜，使图像增加粗糙的纹理质感，如图3-237所示。

STEP 05 将绿色图层拖曳到黄色网格的下层，并对黄色网格应用"斜面和浮雕"图层样式，效果如图3-238所示。

STEP 06 使用椭圆选框工具创建椭圆选区后，对选区应用"球面化"滤镜，如图3-239所示。

图3-237

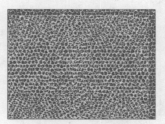

图3-238

图3-239

STEP 07 反选选区后，删掉多余的图像，如图3-240所示。

STEP 08 将制作好的瓜皮拖曳到一幅田园图中。并适当调整图像的大小，如图3-241所示。

STEP 09 使用减淡工具和加深工具调整哈密瓜的明暗关系。结合蒙版命令将哈密瓜的瓜藤更好的表现出来，如图3-242所示。

图3-240

图3-241

图3-242

功能技巧归纳

1."染色玻璃"滤镜可以将图像划分为不规则的相邻色块，模拟玻璃格的效果，其中每个色块的颜色使用该区域的平均颜色来填充，色块四周的轮廓颜色使用前景色描边，所以如果知道染色玻璃的描边颜色，可以预先设置好。

在"染色玻璃"对话框中，"单元格"用于控制色块的尺寸，单元格越小，越能保留图像的细节；"边框粗细"用于控制使用前景色描边的宽度，值越大，描边越宽；"光照强度"用于控制光线的明暗程度，对如图3-243所示的图像应用"染色玻璃"滤镜，如图3-244所示为单元格较小、边框细的效果；如图3-245所示为单元格较大、边框粗的效果。

图3-243

图3-244

图3-245

2. 有 4 种修改选区的命令：边界、平滑、扩展、收缩，这几种"修改"命令很方便，可以为图像添加一些特殊的效果。

（1）"边界"命令，可以在原有的选区内再创建一个选区，形成边框效果，这个功能用于制作边框效果比较方便。在"边界选区"对话框中，"宽度"用于控制边框的大小，对如图 3-246 所示的图像执行"边界"命令；设置"宽度"为 50，效果如图 3-247 所示；对边界进行填充后的效果如图 3-248 所示。

图 3-246　　　　　　　　图 3-247　　　　　　　　图 3-248

（2）"平滑"命令，可以对创建的选区进行平滑处理，这个效果应用在矩形选区、多边形选区、不规则的选区中效果比较明显。"取样半径"值用于控制平滑的强度，值越大，越平滑，对如图 3-249 所示的图像应用"平滑"命令，设置"取样半径"为 100 的效果如图 3-250 所示，反选选区并去色的效果如图 3-251 所示。

图 3-249　　　　　　　　图 3-250　　　　　　　　图 3-251

（3）"扩展"和"收缩"命令，可以在原有的选区上向外扩展或向内收缩选区，在本实例中已经使用并介绍过了，这里就不作对比演示了。

Chapter 4 个性背景图像

在平面设计中，背景图像是必不可少的一种设计元素，有些
特殊的背景图像需要自己进行设计制作，通过Photoshop的
各种滤镜和图像处理功能，可以制作个性化的背景图像。适
当加入一些文字和图形效果，可以制作出完整的设计作品。

19 卡片背景图像

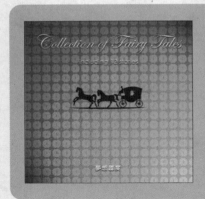

新的一年又来了，借助卡片送出祝福比较特别和有意义，卡片要是自己设计的，意义当然又不同了。本例通过一些简单的滤镜效果，轻松制作出造型别致的异国风情卡片效果，不妨来动手试试吧。

🔲 **重要功能:** "填充"命令、"图章"滤镜、"添加杂色"滤镜、"强化的边缘"滤镜

🔲 **光盘路径:** CD\chapter4\卡片背景图像\complete\卡片背景图像.psd

操作步骤

STEP 01 按 Ctrl+N 快捷键，打开"新建"对话框，设置名称为"卡片背景图像"，具体参数设置如图 4-1 所示，完成后单击"确定"按钮，创建一个新的图形文件。

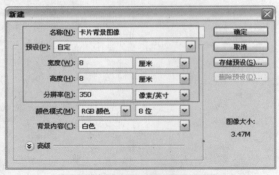

图 4-1

STEP 02 新建图层"图层 1"，然后对图层 1 执行"编辑>填充"命令，打开如图 4-2 所示的对话框，设置"使用"为"图案"，然后单击"确定"按钮，完成填充，如图 4-3 所示。

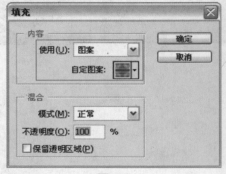

图 4-2

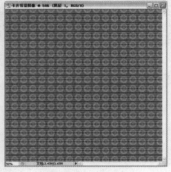

图 4-3

STEP 03 按 Ctrl+L 快捷键，打开"色阶"对话框，多次调整图像的亮度，使图像的颜色更艳丽，同时对比效果更明显，以方便进行下一步的操作。如果调整一次的效果不理想，可以多次执行"色阶"命令来完成，如图 4-4、图 4-5 和图 4-6 所示。

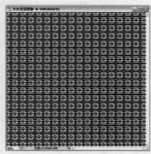

图 4-4   图 4-5   图 4-6

STEP 04 按 Ctrl+ + 快捷键，放大图像。选择魔棒工具后，在属性栏中设置"容差"为 10，单击"添加到选区"按钮，取消选择"连续"复选框。然后在图像窗口中依次单击"蓝色"和"黑色"部分，如图 4-7 所示，最后得到如图 4-8 所示的选区范围。

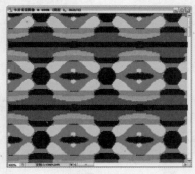

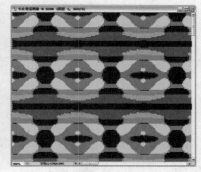

图 4-7   图 4-8

STEP 05 新建一个图层"图层 2"。保持上一步创建的选区，对选区填充黑色。完成后按 Ctrl+Shift+I 快捷键，反选选区，再对选区填充白色，如图 4-9 所示。完成后按 Ctrl+D 快捷键取消选区。

图 4-9

STEP 06 复制图层2,然后重新设置前景色为#b14611、背景色为#ed6c00,对"图层2副本"图层执行"滤镜>素描>图章"命令,参照图4-10设置参数,完成后单击"确定"按钮,效果如图4-11所示。

图4-10

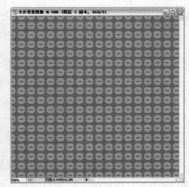

图4-11

STEP 07 继续对该图层执行"滤镜>杂色>添加杂色"命令,打开如图4-12所示的对话框,设置"数量"为10,增加怀旧效果,如图4-13所示。

图4-12

图4-13

STEP 08 继续对该图层执行"滤镜>画笔描边>强化的边缘"命令,参照图4-14设置参数后,对图像执行"编辑>变换>旋转90度(顺时针)"命令,调整图像的角度,如图4-15所示。

图4-14

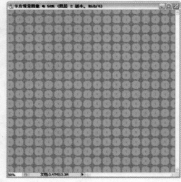

图4-15

STEP 09 通过"渲染"滤镜为图像增色。复制"图层2副本"图层,然后对复制图层执行"滤镜>渲染>光照效果"命令,参照图4-16设置光照效果的参数,效果如图4-17所示。

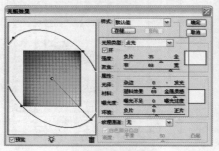

图4-16

图4-17

STEP 10 按Ctrl+O快捷键，弹出"打开"对话框，选择本书配套光盘中 chapter4\ 卡片背景图像\media\马车.psd文件后，单击"打开"按钮，打开"马车.psd"文件，如图4-18所示。使用移动工具将图像拖曳到步骤9制作的背景中，适当调整图像的大小和位置，如图4-19所示。

图 4-18

图 4-19

STEP 11 切换到"图层"面板中，修改"马车"图层的图层混合模式为"正片叠底"，"不透明度"为90%，效果如图4-20所示，此时的"图层"面板如图4-21所示。

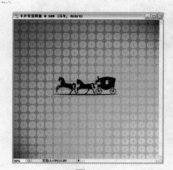

图 4-20

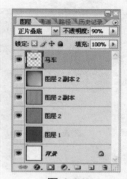

图 4-21

STEP 12 卡片当然少不了一些文字，根据图像的效果，为图像添加欧式的文字，文字颜色为白色，也可以根据自己的喜好调整图像和文字。图层样式的设置参数和效果如图4-22和4-23所示。

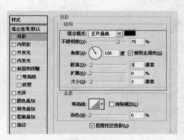

图 4-22

图 4-23

制作提示：
根据前面制作的效果，可以适当修改背景颜色，这里修改为具有中国传统意义的红色，然后加上"福"字，一张春节时家家都要贴的"福字贴"就诞生了。

光盘路径：
CD\chapter4\卡片背景图像\complete\举一反三.psd

操作步骤

STEP 01 新建一个图像文件。使用"填充"命令对新图层填充图案，使用"颜色调整"命令，加强图像的对比度和饱和度，如图 4-24 所示。

STEP 02 新建一个图层，使用魔棒工具选取不同的图像范围，然后对图像选区填充黑色和白色，如图 4-25 所示。

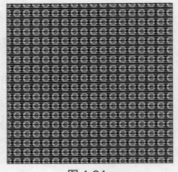

图 4-24　　　　　　　　图 4-25

STEP 03 复制调整好的图层，设置前景色为 # bf0000，背景色为 # ff4848，然后对复制后的图层应用"图章"命令，如图 4-26 所示。

STEP 04 对复制图层应用"添加杂色"滤镜，为图像增强怀旧感，如图 4-27 所示。

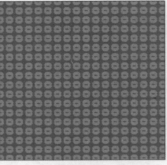
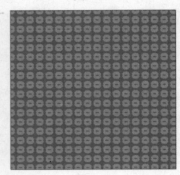

图 4-26　　　　　　　　图 4-27

STEP 05 为复制图层应用"光照效果"滤镜，增强图像的光线感，如图 4-28 所示。

STEP 06 使用文字工具输入文字，并修改图层混合模式为"强光"，最后适当修改图层的不透明度，使文字和背景图像更融合，如图 4-29 所示。

图 4-28　　　　　　　　图 4-29

功能技巧归纳

1. "填充"命令主要对选区进行填充，可以对选区填充颜色或图案，前面已经介绍了使用快捷键进行填充的方法，这里主要介绍使用"填充"对话框来进行填充。

执行"编辑>填充"命令，或者按 Shift+F5 快捷键，弹出"填充"对话框，与快捷键填充颜色的方法相比，填充的内容丰富了很多，在"使用"下拉列表中有 8 种方式可供选择：前景色、背景色、颜色、图案、历史记录、黑色、50% 灰色、白色。

在"混合模式"区域可以设置填充时的混合模式，效果类似于图层的混合模式。在"不透明度"中还可以设置填充的不透明度。选择"保留透明区域"复选框，填充时只填充原有颜色的图像区域，而透明的部分将继续保持透明。

在"使用"下拉列表中选择"图案"，"自定图案"会被激活，在"自定图案"面板中可以选择适合的图案进行填充，当然还可以选择自己定义的图案。

同时还可以单击"自定图案"面板右上角的⊙按钮，在弹出的面板菜单中列出了9种图案类型，如填充纹理、岩石图案、灰度纸等，选择需要的图案，即可添加到图案列表框中。对如图4-30所示的图像添加图案，并调整透明度后的效果如图4-31所示。

图 4-30　　　　　　　　　　　　　　　　图 4-31

2."图章"滤镜使用前景色简化显示图像的边缘及暗部区，其他区域用背景色进行填充显示，模拟图像被图章盖印的效果。这个滤镜作用在黑色图像上效果更明显。

在"图章"对话框中，"明/暗平衡"用于控制前景色区域和背景色区域所占的比例，值越大，前景色区域面积就越大；"平滑度"值用于控制两种颜色边界过渡的平滑程度，值越大边界过渡越平滑。对如图4-32所示的图像应用"图章"滤镜，"明/暗平衡"值较小和较大的对比效果如图4-33和图4-34所示。

图 4-32　　　　　　　　　图 4-33　　　　　　　　　图 4-34

3."强化的边缘"滤镜通过控制图像中反差较大的区域的范围、亮度和对比度来强化图像的边缘，从而使图像的细节和纹理更加突出。

在"强化的边缘"对话框中，"边缘宽度"用于调节反差较大的区域的范围，值越大，边缘范围越多；"边缘亮度"用于调节强化边缘的颜色亮度，值越小，边缘的颜色就越接近黑色；"平滑度"用于调节边缘颜色的对比度，值越小，边缘颜色的对比就越强烈。对如图4-35所示的图像应用"强化的边缘"滤镜，边缘亮度较大和较小时的对比效果如图4-36和图4-37所示。

图 4-35　　　　　　　　　图 4-36　　　　　　　　　图 4-37

20 包装背景图像

典雅别致的包装效果，也可以通过自己的喜好来进行设计。本实例采用拼花图案来制作典雅的、具有节日气氛的包装背景图像。

重要功能： "定义图案"命令、"新建填充图层"命令、"投影"图层样式、"斜面和浮雕"图层样式、"颜色叠加"图层样式

光盘路径： CD\chapter 4\包装背景图像\complete\包装背景图像.psd

操作步骤

STEP 01 按Ctrl+O快捷键，打开本书配套光盘中chapter 4\包装背景图像\media\花边.psd 和边框.psd 文件，如图4-38 和图4-39 所示。

图4-38   图4-39

STEP 02 分别选择步骤1打开的文件，执行"编辑>定义图案"命令，打开"图案名称"对话框，设置图案的名称后单击"确定"按钮，如图4-40和图4-41 所示。完成图案的定义，以便后面的填充工作。完成后关闭步骤1打开的文件。

图4-40

图4-41

STEP 03 按Ctrl+N快捷键，打开"新建"对话框，设置名称为"包装背景图像"，具体参数设置如图4-42所示，完成后单击"确定"按钮，创建一个新的图形文件。然后设置前景色为＃ff0000，按Alt+Delete快捷键对背景图层填充红色，如图4-43 所示。

图4-42

图4-43

STEP 04 执行"图层>新建填充图层>图案"命令,打开如图4-44所示的对话框,保持默认设置单击"确定"按钮,打开如图4-45所示的对话框,设置填充的图案和"缩放"为20%,单击"确定"按钮后完成图案的填充,如图4-46所示。此时的"图层"面板如图4-47所示。

图 4-44

图 4-45

图 4-46

图 4-47

STEP 05 修改"图案填充1"图层的混合模式为"正片叠底"后,图像将叠加背景的红色,如图4-48和图4-49所示。

图 4-48

图 4-49

STEP 06 继续执行"图层>新建填充图层>图案"命令,在如图4-50所示的对话框中设置填充的图案为前面定义的"边框"图案,如图4-51所示。

图 4-50

图 4-51

STEP 07 完成后修改该图层的"不透明度"为40%,如图4-52所示。

图 4-52

STEP 08 新建图层 1，执行 "编辑>填充" 命令，打开如图 4-53 所示的对话框，选择前面定义的 "花边" 图案，这里使用 "填充" 命令，以便制作一些特殊效果。填充效果如图 4-54 所示。

图 4-53   图 4-54

STEP 09 在 "图层" 面板中双击图层 1，打开如图 4-55 所示的对话框，分别设置投影、斜面和浮雕、颜色叠加效果，如图 4-56 和图 4-57 所示，使花边具有特殊的图像效果，如图 4-58 所示。

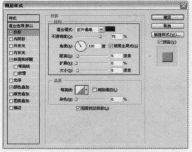

图 4-55   图 4-56

图 4-57   图 4-58

STEP 10 新建图层 2，选择矩形选框工具，在图像窗口中创建一个选区，如图 4-59 所示。按 Ctrl+Shift+I 快捷键反选选区，得到一个边框样式的选区，对选区填充白色，完成后取消选区，如图 4-60 所示。

图 4-59   图 4-60

STEP 11 在"图层"面板中
双击图层2，同样对图层2应
用3种图层样式效果，如图4-
61～图4-64所示，使边框具有
立体感和质感，如图4-65所
示。此时的"图层"面板如
图4-66所示。

图 4-61

图 4-62

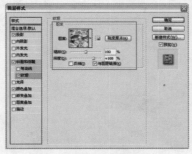

图 4-63

图 4-64

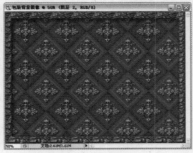

图 4-65

图 4-66

STEP 12 观察底纹，花边的
颜色很浓，可以通过修改图层
的"不透明度"来调整，这
里设置为75％，读者也可以根
据自己的设计要求来调整，效
果与"图层"面板如图4-67
和图4-68所示。

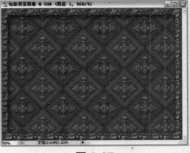

图 4-67

图 4-68

STEP 13 完成后设置背景色为白色，单击文字工具 T，在包装背景图像上输入祝福性的文字。完成后栅格化文字，并适当调整文字的位置，如图4-69和图4-70所示。

图4-69   图4-70

制作提示：

运用前面制作花纹的方法，制作复古风格的封面图像。首先运用"云彩"滤镜制作封面的背景图案；再使用制作花纹的方法复制添加装饰图案；然后再加入中国地图的外形，并适当运用图层样式，使地图外形具有浮雕效果；最后适当加入文字即可。

光盘路径：

CD\chapter4\包装背景图像\complete\举一反三.psd

操作步骤

STEP 01 新建一个图像文件，并对背景图层填充土黄色，如图4-71所示。

STEP 02 新建两个图层，分别在两个图层中添加花边图案，如图4-72所示。

图4-71

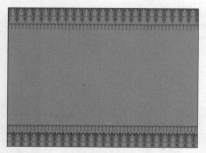

图4-72

STEP 03 新建一个图层，将新图层调整在背景图层上层。在新图层中添加中国地域的轮廓图，并应用多种图层样式效果，使背景图像更丰富，如图4-73所示。

STEP 04 在背景图层上层新建一个图层，运用"云彩"滤镜制作背景的花纹。修改"不透明度"为19％，效果如图4-74所示。

图 4-73

图 4-74

STEP 05 使用文字工具在图像中输入文字，并应用"外发光"图层样式，如图 4-75 所示。

STEP 06 使用相同的方法输入其他文字，并适当运用其他图层样式效果，如图4-76所示。

图 4-75

图 4-76

功能技巧归纳

1. Photoshop 提供了很多图案，方便我们制作一些特殊效果。但是有些图案比较特殊，是我们自己制作的，这时就需要通过"定义图案"命令将自己制作的图案载入图案填充系统，以便随时调用。

对需要定义图案的文件执行"编辑>定义图案"命令，在弹出的"图案名称"对话框中只需要输入图案的名称，完成后再使用"填充"命令，即可选择刚刚定义的图案，非常方便。定义的图案对所有的"填充"命令（如图层样式中的"图案叠加"）同样有效。

2."新建填充图层"有 3 种填充方式：纯色、渐变、图案。这种填充方式类似于新建调整图层，是一个独立的图层，创建"新建填充图层"可以随时预览和修改。

这里创建一个新建填充图层的图案填充图层，只需要双击"新建填充图层"中的图层缩略图，即可再次弹出"图案填充"对话框，以便修改和调整。但是"新建填充图层"命令对当前图层下层的图层都起到作用。对如图 4-77 所示的填充效果，使用"新建填充图层"和"填充"命令后的"图层"面板对比效果如图 4-78 和图 4-79 所示。

图 4-77

图 4-78

图 4-79

21 超炫动感线

绚丽丰富的颜色往往能在第一时间吸引您的眼球,在进行图像处理时,背景图像是一个很重要的环节,本实例将体验炫彩带来的乐趣和惊喜。

重要功能:渐变工具、"自由变换"命令、"液化"滤镜

光盘路径: CD\chapter4\超炫动感线\complete\超炫动感线.psd

操作步骤

STEP 01 按Ctrl+N快捷键,打开"新建"对话框,设置"名称"为"超炫动感线","宽度"和"高度"均为8cm,"分辨率"为350,如图4-80所示,单击"确定"按钮,创建一个新的图形文件。然后按Ctrl+R快捷键显示标尺,参考图4-81拖曳出3条辅助线。

图 4-80　　　　　　图 4-81

STEP 02 选择渐变工具 ,单击属性栏中的渐变颜色条,在打开的"渐变编辑器"对话框中设置渐变颜色为5个黑色条,中间间隔5个透明像素条,这里要注意它们之间的宽度保持一致。然后再单击工具属性栏上的"线性渐变"按钮 ,如图4-82所示。

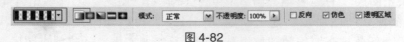

图 4-82

STEP 03 在"图层"面板中新建图层1,使用矩形选框工具 沿辅助线框创建一个矩形选区,然后在选区内进行渐变填充,渐变的方向从上到下,起始点和终点都落在选区的边缘,如图4-83所示的效果。此时的"图层"面板如图4-84所示。

图 4-83　　　　　　图 4-84

STEP 04 复制 3 次图层 1，并在图像窗口中调整复制图层的位置，如图 4-85 所示。完成后在"图层"面板中选择最顶层，再按 3 次 Ctrl+E 快捷键，向下合并图层。

图 4-85

STEP 05 选择图层 1，单击"图层"面板中的"锁定透明像素"按钮，以便下面的操作不会对透明像素有影响。使用渐变工具，适当设置渐变颜色条，如图 4-86 所示，然后在图像窗口中对黑色条纹进行从上到下的线性渐变填充，如图 4-87 所示。

图 4-86

图 4-87

STEP 06 复制图层 1，取消复制图层的"透明像素"锁定。隐藏图层 1 后，对复制图层按 Ctrl+T 快捷键，适当调整图像的高度，如图 4-88 所示，完成后按 Enter 键确认。最后对背景图层填充黑色。

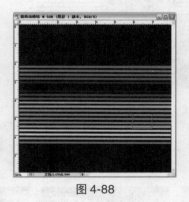

图 4-88

提示

这里复制一个图层，保留了一个原始图像，以便在后面万一发生误操作，可以快速恢复。

STEP 07 新建图层2，将图层2放置在图层1的上层。选择矩形选框工具，在图层2中创建一个矩形选区，然后对选区填充白色，如图4-89所示。完成后将图层1副本和图层2合并为一个图层，如图4-90所示。

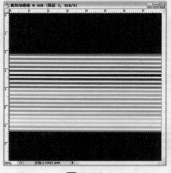

图 4-89

图 4-90

STEP 08 对图层2执行"滤镜＞液化"命令，或者按Ctrl+Shift+X快捷键，打开如图4-91所示的对话框，适当调整画笔大小，对图像进行液化处理，方向呈逆时针绕一圈，如果一笔调整不好，可以继续微调，单击"确定"按钮完成操作，如图4-92所示。

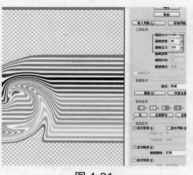

图 4-91

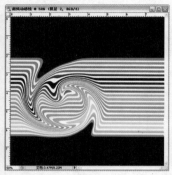

图 4-92

STEP 09 选择椭圆选框工具，在图像窗口中创建一个圆形选区，如图4-93所示。然后选择图层2，按Ctrl+J快捷键，将选区内容复制到新图层中，如图4-94所示。

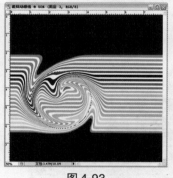

图 4-93

图 4-94

STEP 10 选择魔棒工具，单击图层3中白色的图像部分，自动创建选区，如图4-95所示。然后执行"选择>选取相似"命令，选择图层3中所有的白色图像，如图4-96所示。对选区填充黑色，如图4-97所示。最后按下Ctrl+D快捷键取消选择。

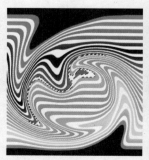

图 4-95

图 4-96

图 4-97

STEP 11 图形设计好以后，还需要为图像添加一些文字，以便使图像效果更丰富。选择钢笔工具 ，单击属性栏上的"路径"按钮 ，然后在图像窗口中绘制一条路径线，并适当调整路径的弧度。使用文字工具 ，在路径的起始位置输入 wool@163.com，如图 4-98 所示。然后参照图 4-99 设置文字样式。

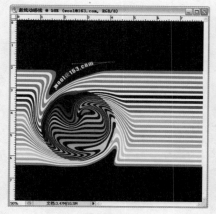

图 4-98

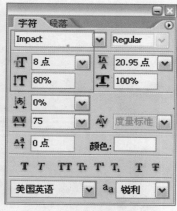

图 4-99

STEP 12 选择文字图层并单击鼠标右键，在弹出的快捷菜单中选择"栅格化图层"命令，可将文字图层转换为普通图层。然后按 Ctrl+T 快捷键，对文字图像进行适当的透视变形，如图 4-100 所示。

图 4-100

STEP 13 复制文字图层，然后对复制图层执行"编辑>变换>旋转 180 度"命令，并适当调整图像的位置和旋转角度，如图 4-101 所示。

图 4-101

STEP 14 根据需要使用文字工具输入其他文字，并将文字图层栅格化，进行适当的变形处理，效果如图 4-102 所示。最后根据图像的比例，使用裁切工具裁掉多余的图像，使图像的构图更完美。

图 4-102

举一反三 👍

📢 **制作提示：**
巧妙运用"液化"滤镜可以对线条进行各种变换。这里主要运用"液化"滤镜中的"顺时针螺旋扭曲工具"，设置画笔大小为 500，然后对动感线进行顺时针方向的移动，即可扭曲出与"波板糖"类似的花纹。"液化"滤镜中的工具非常丰富，巧妙运用工具还可以制作出很多漂亮的效果。

💿 **光盘路径：**
CD\chapter4\超炫动感线\complete\举一反三.psd

操作步骤

STEP 01 打开前面制作好的彩色线条，如图 4-103 所示。适当调整线条的宽度，并在黑色背景的上层新建一个图层，填充白色。然后合并彩色线条图层和白色图层，如图 4-104 所示。

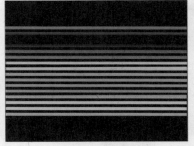

图 4-103   图 4-104

STEP 03 运用"液化"滤镜中的"顺时针螺旋扭曲工具"，设置画笔大小为 500，然后对动感线进行顺时针方向的移动，即可扭曲出与"波板糖"类似的花纹，如图 4-105所示。

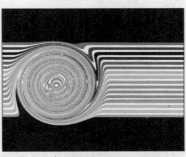

图 4-105

STEP 04 创建曲线路径，然后使用文字工具沿路径线创建，如图 4-106 所示。使用文字工具输入其他文字，然后对文字进行变形处理，如图 4-107 所示。

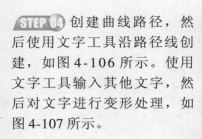
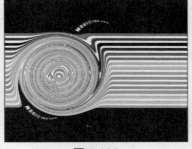

图 4-106   图 4-107

功能技巧归纳

1. 显示标尺，按 **Ctrl+R** 快捷键，在标尺上单击鼠标右键，在弹出的快捷菜单中可以设置标尺的单位。

2. 在"图层"面板中有一排锁定按钮，如图 4-108 所示，根据制作需要可以为图像锁定某些状态，以便不会对锁定的图层进行误操作。

"锁定透明像素"按钮🔲：图层的透明区域将被锁定，不允许被填色和编辑。

"锁定图像像素"按钮🖌：图像的编辑功能将被锁住，不允许被填色或者进行色彩编辑。

"锁定位置"按钮✛：图层的位移或变形编辑将被锁住，图层中的图像将不允许被移动或者进行各种编辑。

"全部锁定"按钮🔒：图层上的所有编辑将被锁住，图层上的图像不允许被进行任何编辑。

图 4-108

3. 执行"滤镜>液化"命令，可按 **Ctrl+Shift+X** 快捷键。"液化"滤镜可以进行涂抹、扭曲旋转变形等变形处理，通过"液化"滤镜可以制作一些自由性比较高的效果。对如图 4-109 所示的图像应用"液化"滤镜的效果，如图 4-110 所示。

图 4-109

图 4-110

在"液化"对话框中，左侧有一排工具按钮，不同的工具按钮变形的效果也不同。中间是预览区，也是"液化"滤镜处理的窗口。右侧有一排参数控制，主要用于控制液化滤镜工具的大小、力度、强弱。在"显示背景"栏中可以选择是否显示背景图层或其他图层。

4. 从 Photoshop CS 开始文字工具就可以根据路径线来创建，这个功能非常好用。首先要使用路径创建工具——钢笔工具🖊创建路径。

选择钢笔工具后，单击工具属性栏上的"路径"按钮🔲，然后在图像窗口中绘制一条路径线，使用直接选择工具🔖调整路径的弧度。

完成路径的绘制后，使用文字工具🔳在路径的起始处单击，光标自动吸附，此时即可沿路径输入文字。创建如图 4-111 所示的路径后，对路径进行调整，如图 4-112 所示，沿路径输入文字后的效果如图 4-113 所示。

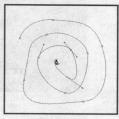

图 4-111

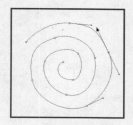

图 4-112

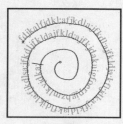

图 4-113

22 星云科幻图像

肌理图像也是一种常用的设计手法，星云科幻图像往往给人带来神秘的感觉。本例介绍的星云科幻图像，看似比较复杂，其实巧妙运用滤镜和图层混合模式就可以快速制作。

重要功能： "液化"滤镜、图层混合模式、图层矢量蒙版、画笔工具

光盘路径： CD\chapter4\星云科幻图像\complete\星云科幻图像.psd

操作步骤

STEP 01 按 Ctrl+N 快捷键，打开"新建"对话框，设置"名称"为"星云科幻图像"，具体参数设置如图 4-114 所示，完成后单击"确定"按钮，创建一个新的图形文件。

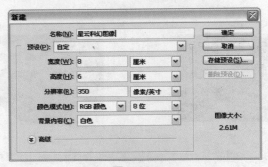

图 4-114

STEP 02 新建图层 1，设置前景色为 # e5009e，背景色为 # 160844。然后选择渐变工具，单击属性栏上的"菱形渐变"按钮，在图像窗口中进行渐变填充，渐变的起止位置如图 4-115 所示。这里的渐变效果可以根据自己的设计要求来设置，但是这里的渐变大小会影响图像的形状，效果如图 4-116 所示。

图 4-115　　　　　　　图 4-116

STEP 03 对图层 1 执行"滤镜>液化"命令,打开如图 4-117 所示的对话框,适当设置工具的画笔大小,然后使用左侧工具栏上的工具适当进行涂抹,制作图像的特殊效果,如图 4-118 所示。

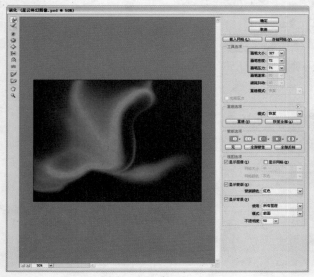

图 4-117

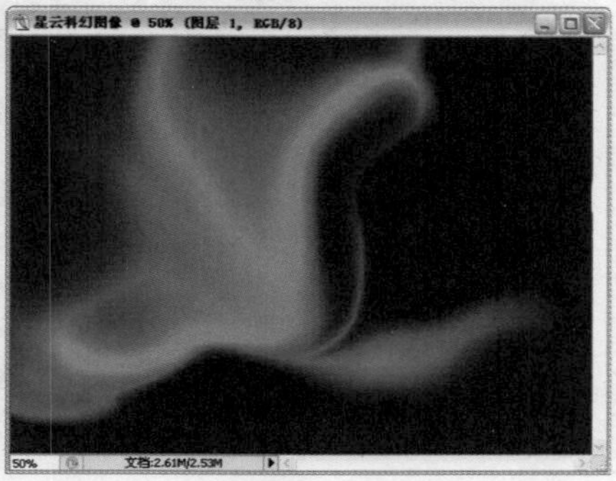

图 4-118

STEP 04 新建图层 2,按 D 键恢复默认黑色,选择渐变工具▣,单击属性栏上的"线性渐变"按钮▣,然后在图像窗口中从下往上进行渐变填充,如图 4-119 所示。

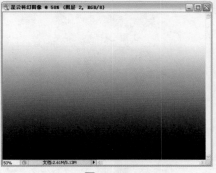

图 4-119

STEP 05 新建一个图层 3,然后执行"滤镜>渲染>云彩"命令,修改该图层的混合模式为"差值"。完成后按 Ctrl+E 快捷键,向下合并图层,如图 4-120 和图 4-121 所示。

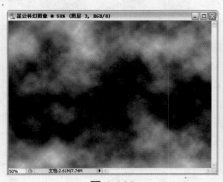

图 4-120

图 4-121

STEP 06 对图层2执行"滤镜>液化"命令，打开如图4-122所示的对话框，对图层2进行液化处理，完成效果如图4-123所示。

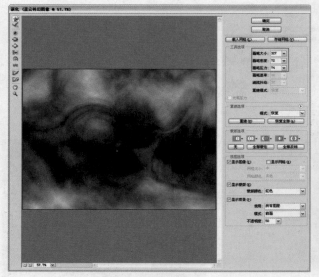

图 4-122

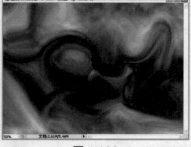

图 4-123

STEP 07 切换到"图层"面板中，修改图层2的混合模式为"柔光"，然后再执行"图像>调整>亮度/对比度"命令，打开如图4-124所示的对话框，适当加强图像的对比度，如图4-125所示。

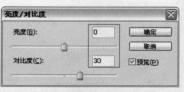

图 4-124

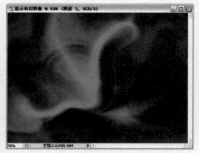

图 4-125

STEP 08 新建图层3，设置前景色为#0d2556，背景色为#feffdb，然后选择渐变工具，在图像窗口进行线性渐变填充，如图4-126所示。修改图层3的混合模式为"正片叠底"，效果如图4-127所示。

图 4-126

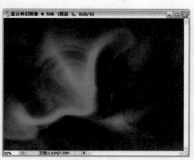

图 4-127

STEP 09 选择图层 2，单击"图层"面板底部的"添加矢量蒙版"按钮 ▣ 。然后选择画笔工具 ✐ ，适当涂抹一下，使图像的效果更自然，如图 4-128 所示。

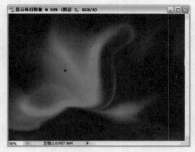

图 4-128

STEP 10 复制图层 1，对"图层 1 副本"执行"滤镜>液化"命令，适当修改图像的液化效果，如图 4-129 所示。

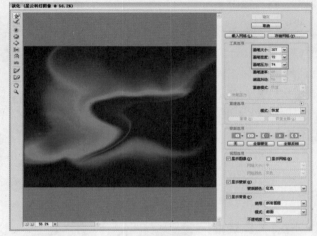

图 4-129

STEP 11 修改该图层的混合模式为"强光"，效果如图 4-130 所示。为"图层 1 副本"添加一个图层矢量蒙版，使用画笔工具 ✐ 适当涂抹一下，使图像的效果更自然，如图 4-131 所示。

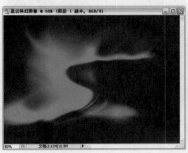

图 4-130

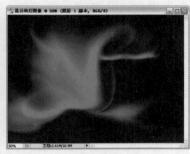

图 4-131

STEP 12 新建图层 4，设置前景色为 # 3e66ff，背景色为黑色，然后执行"滤镜>渲染>云彩"命令，按 Ctrl+L 快捷键，打开如图 4-132 所示的对话框，适当调整图像的色阶，效果如图 4-133 所示。

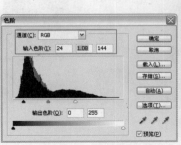

图 4-132

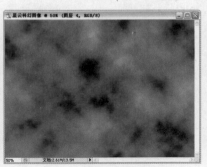

图 4-133

STEP 13 设置图层4的混合模式为"差值"，修改"不透明度"为70％，然后再为该图层添加图层矢量蒙版，使图像的融合更自然。如图4-134和图4-135所示。

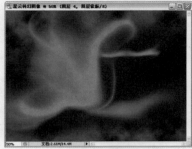 

图 4-134   图 4-135

STEP 14 在最顶层新建图层5，设置前景色为 # dda817，背景色为白色。然后执行"滤镜>渲染>云彩"命令，并适当调整图像的亮度和对比度，如图4-136和图4-137所示。

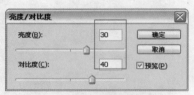 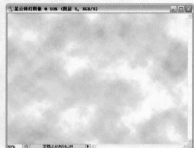

图 4-136   图 4-137

STEP 15 修改图层5的图层混合模式为"柔光"，然后再为该图层添加图层矢量蒙版，使图像的融合更自然，如图4-138和图4-139所示。

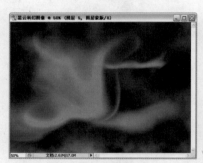 

图 4-138   图 4-139

STEP 16 新建图层6，设置前景色为白色，单击画笔工具，并选择柔边像素较大的画笔，然后在图像窗口中单击，绘制出如图4-140所示的效果。

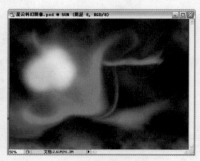

图 4-140

STEP 17 复制图层2，按 Ctrl+ Shift+]快捷键，将复制图层置于最顶层。然后在蒙版处单击鼠标右键，在弹出的快捷菜单中选择"删除图层蒙版"命令，如图 4-141 所示，即可删除图层蒙版。

图 4-141

STEP 18 选择"图层2副本"，单击套索工具，然后在图像窗口中创建选区，按 Delete键删除多余的图像。完成后为该图层添加"图层矢量蒙版"，并使用画笔工具进行适当涂抹。最后根据效果可以多复制几次该图层，使纹理更明显，如图 4-142 所示。

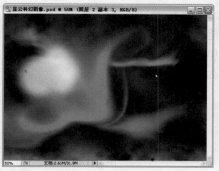

图 4-142

STEP 19 新建图层7，设置前景色为 # ff0203，然后单击画笔工具，适当设置画笔的大小和柔边效果，在图像窗口中进行单击或涂抹，为图像增加颜色，如图 4-143 所示。最后把图层7的混合模式修改为"滤色"。

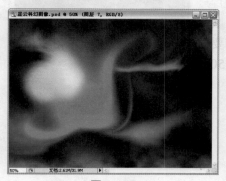

图 4-143

STEP 20 新建图层8，设置前景色为 # ffc825，然后单击画笔工具，适当设置画笔的大小和柔边效果，在图像窗口中单击或涂抹，为图像增加一点颜色，如图 4-144 所示。最后把图层8的混合模式修改为"滤色"，如图 4-145 所示。

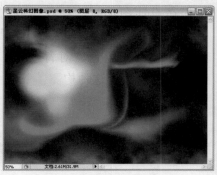

图 4-144

图 4-145

STEP 21 单击"图层"面板底部的"创建新组"按钮，创建一个图层组并置于最顶层。然后在该图层组内创建图层 9。设置前景色为白色，单击画笔工具，采用 10 像素的柔边效果，然后在图像窗口中单击，创建白色的小点图像，效果与"图层"面板如图 4-146 和图 4-147 所示。

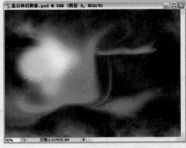

图 4-146

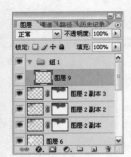

图 4-147

STEP 22 使用相同的方法，创建新的图层，适当修改画笔工具的大小，然后在窗口中单击，创建白色小点的效果。如图 4-148 和图 4-149 所示。

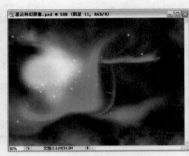

图 4-148

图 4-149

STEP 23 最后为图像添加文字效果，可以新建一个图层组，然后适当添加文字。也可以根据自己的审美习惯来添加需要的其他设计元素，如图 4-150 和图 4-151 所示。

图 4-150

图 4-151

制作提示：

我们在设计图形时，往往需要根据构图来调整图像的整体效果。利用前面制作好的图像，顺时针旋转 90°，然后适当调整设计元素的位置。对背景图像元素还可以适当进行变形处理，使图像符合这种构图需要。灵活处理构图大小也是设计中的一个技巧。

光盘路径：

CD\chapter4\星云科幻图像\complete\举一反三.psd

操作步骤

STEP 01 新建一个图像文件，并使用渐变工具和"液化"滤镜创建背景图像。也可以直接使用前面制作好的效果进行修改，如图4-152所示。

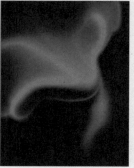

图 4-152

STEP 02 使用"云彩"滤镜适当为图像添加蓝色的背景，增加星空的真实感，如图4-153所示。

图 4-153

STEP 03 使用"云彩"滤镜适当为图像加入一些其他颜色的云彩效果，丰富背景图像，如图4-154所示。

图 4-154

STEP 04 使用画笔工具，为图像添加白色、黄色和红色的图像，丰富图像的整体效果，如图4-155所示。

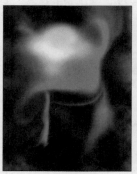

图 4-155

STEP 05 结合画笔工具和蒙版功能，为白色图像的边缘添加扩散效果，如图4-156所示。

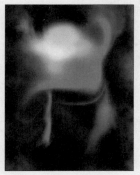

图 4-156

STEP 06 新建一个图层组，使用画笔工具为图像添加星星效果，如图4-157所示。

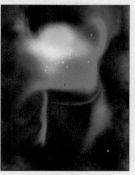

图 4-157

STEP 07 新建一个图层，并使用画笔工具为图像添加橘红色的模糊色块，增强图像的整体效果，如图 4-158 的示。

STEP 08 使用文字工具为图像添加适当的文字，使图像的整体效果更完美，如图 4-159 所示。

图 4-158

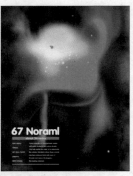

图 4-159

功能技巧归纳

1. 渐变工具 在属性栏上有 5 种渐变类型：线性、径向、角度、对称、菱形渐变，以满足各种类型的渐变填充。渐变效果可以通过渐变线的长短、起始结束位置、方向来控制，如图 4-160 所示为 5 种渐变的对比效果。

线性渐变

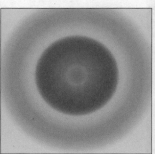

径向渐变

角度渐变

对称渐变（与线性类似）

菱形渐变

图 4-160

2. "云彩"滤镜在图像中随机产生前景色和背景色之间的随机色，模拟柔和的云彩效果。"云彩"滤镜没有对话框，直接用前景色和背景色产生云彩图案。

还有"分层云彩"滤镜，这种滤镜同"云彩"滤镜的产生原理相同，不同的是"分层云彩"将前景色和背景色以差值模式进行混合，产生一种特殊的混合模式。但是"分层云彩"滤镜不能对空选区应用。

如图 4-161 和图 4-162 所示是"云彩"滤镜和"分层云彩"滤镜的效果对比，这里设置前景色为黄色，背景色为白色。

图 4-161   图 4-162

23 彩色波纹个性背景图像

简单的颜色块经过一些特殊组合，也可以组成一幅色彩绚丽的个性背景图像。再配上一些文字，增加几分时尚感。

重要功能：渐变工具、"波浪"滤镜、画笔工具、文字工具

光盘路径：CD\chapter4\彩色波纹个性背景图像\complete\彩色波纹个性背景图像.psd

操作步骤

STEP 01 按 Ctrl+N 快捷键，打开"新建"对话框，设置"名称"为"笔刷"，具体参数设置如图 4-163 所示，完成后单击"确定"按钮，创建一个新的图形文件。

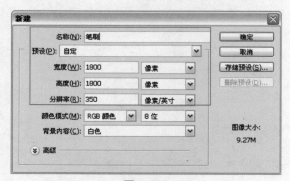

图 4-163

STEP 02 新建图层 1，单击矩形选框工具，在图像窗口中创建一个矩形选区，如图 4-164 所示。单击渐变工具，应用默认的颜色对选区从上到下进行线性渐变填充，如图 4-165 所示。完成后取消选区。

图 4-164

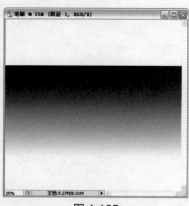

图 4-165

STEP 03 对图层 1 执行 "滤镜 > 扭曲 > 波浪"命令，参照图 4-166 设置参数，如果波浪的效果不是很满意，还可以单击 "随机化"按钮，调整波浪的形状。完成后单击 "确定"按钮，如图 4-167 所示。

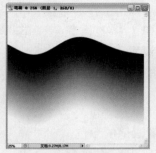

图 4-166　　　　　　　　图 4-167

STEP 04 执行 "编辑 > 定义画笔预设"命令，将图像定义为笔刷效果，如图 4-168 所示。完成后关闭笔刷文件。

图 4-168

STEP 05 按 Ctrl+N 快捷键，打开 "新建"对话框，设置 "名称"为 "彩色波纹个性背景图像"，具体参数设置如图 4-169 所示，完成后单击 "确定"按钮，创建一个新的图形文件。

图 4-169

STEP 06 单击画笔工具 ，在属性栏中选择前面定义的笔刷，如图 4-170 所示。

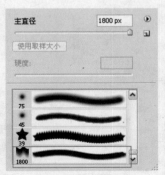

图 4-170

STEP 07 单击工作界面右上角的"画笔"标签,显示画笔的高级设置面板,参照图 4-171 和图 4-172 设置参数。画笔设置好后,在属性栏中设置画笔的"不透明度"为 25%。然后设置画笔的颜色。在"颜色"面板中,设置前景色为 #ff0000,背景色为 #ffee00。

图 4-171　　　　　　图 4-172

STEP 08 单击"图层"面板底部的"创建新组"按钮,然后在图层组创建新的图层,选择画笔工具后在每个图层中单击,创建特殊的颜色图层,这里尽量一个图层只包含一层图像,以便调整位置和控制图层的不透明度。效果与"图层"面板分别如图 4-173 和图 4-174 所示。

图 4-173　　　　　　图 4-174

STEP 09 如图 4-175 所示,在"图层"面板中"组 1"上单击右键,在弹出的快捷菜单中选择"合并组"命令,合并该组中所有的图层,合并后的效果如图 4-176 所示。

图 4-175　　　　　　图 4-176

STEP 10 选择"组 1"图层，单击面板底部的"添加图层蒙版"按钮 ，如图 4-177 所示。然后选择画笔工具 ，在属性栏中设置"不透明度"为 50%，选择柔边效果的画笔，画笔大小可以随意调整，然后在蒙版中对图像底部进行涂抹，如图 4-178 所示。

图 4-177

图 4-178

STEP 11 新建一个图层组，然后单击文字工具 T，在图像窗口中输入文字，使整个图像更美观，如图 4-179 和图 4-180 所示。

图 4-179

图 4-180

制作提示：

"自定义画笔"命令是个非常实用的工具。在这里首先使用渐变工具进行黑色的线性渐变填充，然后对图像进行"波浪"滤镜处理，形成波浪化的图像。再将制作好的波浪图像定义为笔刷。接下来只需在图像中绘制需要的图像，当然颜色可以自己随意调整，还可以直接使用"画笔"面板中的"颜色动态"命令，从前景色到背景色抖动，使颜色变换自然。当然最后适当加入一些文字等图像元素就大功告成了。

光盘路径：

CD\chapter4\彩色波纹个性背景图像\complete\举一反三.psd

操作步骤

STEP 01 使用渐变工具对矩形选区创建渐变填充，如图 4-181 所示。

STEP 02 使用"波浪"滤镜进行处理，并将该图像定义为笔刷，如图 4-182 所示。

图 4-181

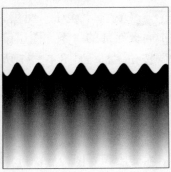

图 4-182

STEP 03 新建一个图像文件，使用画笔工具对图像进行单击，在"画笔"面板中选择"颜色动态"命令，使图像的颜色从前景色到背景色抖动，得到彩色的图案效果，如图 4-183 所示。

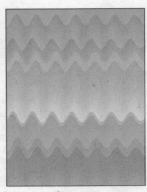

图 4-183

STEP 04 使用文字工具在图像窗口的下方输入文字，如图 4-184 所示。

STEP 05 使用文字工具在图像窗口的中间输入文字，并对文字进行变形处理，如图 4-185 所示。

图 4-184

图 4-185

功能技巧归纳

1. "波浪"滤镜可以将图像产生波动变形，而且波纹范围可以控制。通过参数的控制可以产生丰富的波浪扭曲效果。

在"波浪"对话框中，"生成器数"用于控制波浪的数量；"波长"用于控制波峰间的水平距离，在调节时注意最小波长不能超过最大波长；"波幅"用于控制波峰的高度，同样最小波幅不能高于最大波幅；"比例"用于控制水平或垂直方向的波动变形幅度。单击"随机化"按钮，可以随机改变波动效果。在"类型"栏中还可以选择波动的类型。

对如图 4-186 所示的图像应用"波浪"命令，调整波动参数后的对比效果如图 4-187 和图 4-188 所示。

图 4-186

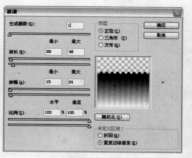

图 4-187

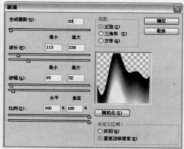

图 4-188

2. 在工作界面的右上角有一个"画笔"标签，选择画笔工具后，单击"画笔"标签，可以弹出一个面板，如图 4-189 所示，在这个面板中集合了 7 个设置项，可以根据绘制需要设置画笔工具的抖动效果。

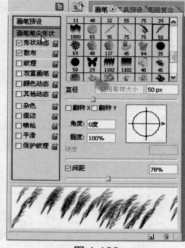

图 4-189

在"画笔笔尖形状"项中可以选择画笔的形状，设置画笔的大小、间距和方向。

在"形状动态"项中可以控制画笔抖动的强度、大小。

在"散布"项中可以控制画笔散开的大小。

在"纹理"项中可以为画笔叠加图案纹理。

在"双重画笔"项中可以为画笔添加两种笔刷组合在一起的效果。

在"颜色动态"项中可以让画笔的着色从前景色到背景色之间随机变换颜色。

在"其他动态"项中可以控制画笔的不透明度和流量的大小。

24 狗年旺春图

通过简单的滤镜，就可以制作一些特殊的背景图像，再配上狗年的主题，一张狗年旺春图就诞生了。颜色、文字效果以及图像都可以根据需要随意变化，巧妙又简单。

重要功能： "云彩"滤镜、"风"滤镜、"极坐标"滤镜、矩形选框工具、文字工具

光盘路径： CD\chapter4\狗年旺春图\complete\狗年旺春图.psd

操作步骤

STEP 01 按 Ctrl+N 快捷键，打开"新建"对话框，设置"名称"为"狗年旺春图"，具体设置参数如图 4-190 所示，完成后单击"确定"按钮，创建一个新的图形文件。

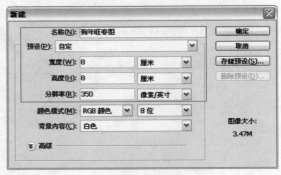

图 4-190

STEP 02 新建图层 1，按 D 键恢复默认颜色。然后执行"滤镜>渲染>云彩"命令，使用默认颜色进行云彩化处理，如图 4-191 所示。

图 4-191

STEP 03 对图层 1 执行"滤镜>风格化>风"命令，打开如图 4-192 所示的对话框，对图层进行风效果的处理，如图 4-193 所示。

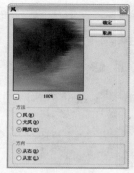
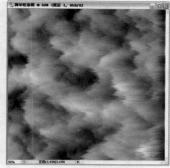

图 4-192　　　　　图 4-193

STEP 04 下面将图像旋转一定角度，执行"编辑>变换>旋转 90 度（顺时针）"命令，效果如图 4-194 所示。

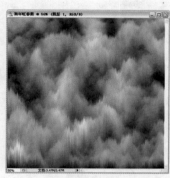

图 4-194

STEP 05 对图层 1 执行"滤镜>扭曲>极坐标"命令，打开如图 4-195 所示的对话框，对图像进行极坐标处理，如图 4-196 所示。

图 4-195　　　　　图 4-196

STEP 06 对图像进行着色，按 Ctrl+U 快捷键，打开如图 4-197 所示的对话框，选择"着色"复选框，然后适当调整颜色，也可以根据需要选择其他颜色，如图 4-198 所示。

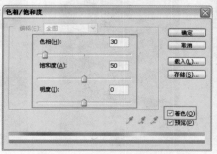

图 4-197　　　　　图 4-198

STEP 07 在图像窗口顶部的标题栏上单击右键，在弹出的快捷菜单中选择"画布大小"选项，如图 4-199 所示。

图 4-199

STEP 08 如图 4-200 所示，在打开的"画布大小"对话框中重新设置画布的大小，保留需要的图像范围，效果如图 4-201 所示。

图 4-200

图 4-201

STEP 09 按 Ctrl+R 快捷键，显示标尺，然后从标尺中拖曳出几条参考线。然后新建一个图层 2，选择矩形选框工具，在图像窗口中创建一个选区，并对选区填充黑色，如图 4-202 所示。

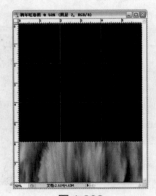

图 4-202

STEP 10 取消选区后，继续使用矩形选框工具，在图像窗口中连续创建 4 个矩形选区，完成后按 Delete 键，删除选区内的图像，完成后取消选区，前后效果分别如图 4-203 和图 4-204 所示。

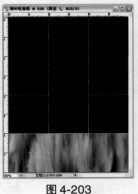

图 4-203

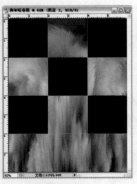

图 4-204

STEP 11 打开本书配套光盘中 chapter 4\ 狗年旺春图 \media\1、2、3、4.jpg 文件，如图 4-205～图 4-208 所示。

图 4-205

图 4-206

图 4-207

图 4-208

STEP 12 使用魔棒工具在图像的空白处单击，创建选区后按 Ctrl+Shift+I 快捷键反选选区，然后将选区内的图像拖曳到"狗年旺春图.psd"文件中，并调整图像的大小为 45％，如图 4-209 所示。适当调整图像的位置，如图 4-210 和图 4-211 所示。

图 4-209

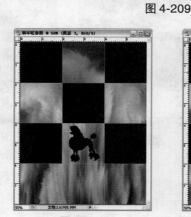
图 4-210

图 4-211

STEP 13 在"图层"面板中分别选择图层 3～图层 6，并进行复制，完成后将图层 2～图层 6 副本的混合模式修改为"柔光"，如图 4-212 所示，效果如图 4-213 所示。

图 4-212

图 4-213

179

STEP 14 按住Ctrl键，同时选择图层2~图层6副本，然后单击"图层"面板右上角的 按钮，在弹出的面板菜单中选择"从图层新建组"命令，将选择的图层编入一个组内，如图4-214和图4-215所示。这样利于管理图层。

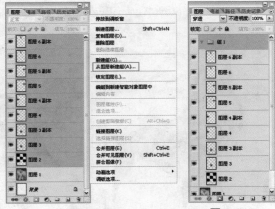

图 4-214　　　　　图 4-215

STEP 15 新建图层7，使用矩形选框工具 连续在图像窗口创建矩形选区，然后对选区填充白色，如图4-216所示。在图像窗口的底部创建一个选区，并填充黑色，如图4-217所示。

图 4-216　　　　　图 4-217

STEP 16 按Ctrl+R快捷键，取消标尺的显示。按Ctrl+H快捷键，去除参考线的显示。在图像中适当输入文字，以便使整个图像更完整。其中Happy New Year应用了图层样式效果，具体参数如图4-218~图4-220所示。效果如图4-221所示。

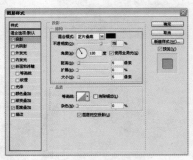 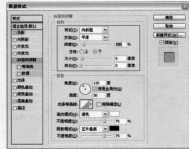

图 4-218　　　　　图 4-219

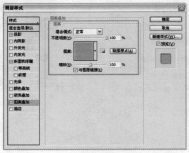 

图 4-220　　　　　图 4-221

制作提示:

运用前面制作的"狗年旺春图"的方法,还可以制作溶洞的岩石效果。首先运用"云彩"滤镜制作背景花纹;再使用"风"滤镜进行两次从右到左的飓风处理;然后将图像逆时针旋转90°;最后使用"色相/饱和度"命令为图像进行着色处理,将颜色调整为偏绿一点,溶洞岩石效果就完成了。

光盘路径:

CD\chapter4\狗年旺春图\complete\举一反三.psd

操作步骤

STEP 01 新建一个图像文件,运用"云彩"滤镜制作背景图案,如图4-222所示。

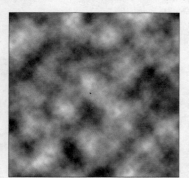

图4-222

STEP 03 对图像逆时针旋转90°,使图像产生溶洞的效果,如图4-224所示。

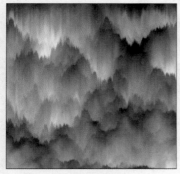

图4-224

STEP 02 运用"风"滤镜对图像进行处理,这里选择"飓风"效果,如图4-223所示。

图4-223

STEP 04 使用"色相/饱和度"命令对图像进行"着色"处理,使颜色更真实,如图4-225所示。

图4-225

1."风"滤镜可以为选区图像添加细小的水平线，模拟被风吹过的效果。在"风"对话框中，可以选择 3 种强度的风效：风、大风、飓风。"方向"可以控制风吹的方向是从左到右，还是从右到左。

我们在设计时，风效一般常用"风"，如果觉得效果不明显，可再按下 Ctrl+F 快捷键重复一次效果。如图 4-226、图 4-227 和图 4-228 所示是风向相同，风效不同的对比效果。

图 4-226　　　　　　　　　　图 4-227　　　　　　　　　　图 4-228

2."极坐标"滤镜通过选择两种变形方式来产生不同的变形效果。对话框中的参数非常简单，"极坐标"滤镜可以制作一些线条旋转的方法，非常好用。对如图 4-229 所示的图像应用"极坐标"滤镜，对比效果如图 4-230 和图 4-231 所示。

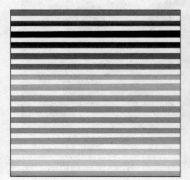

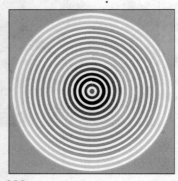

图 4-229　　　　　　　　　　　　　　　　　图 4-230

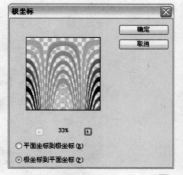

图 4-231

Chapter 5 纹理质感设计

在日常生活中，会发现各种纹理质感，将这些纹理质感
巧妙地应用在设计作品中，会增强作品的真实感。如果
一些特殊的纹理无法导入电脑中，可以运用 Photoshop
制作出需要的纹理质感。

25 布染效果

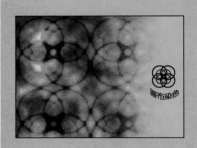

画布的花纹一般都是经过精心设计的，然后进行适当的染色。可以在电脑中快速地制作出质地逼真的布染效果，同时具有很强的设计性。

重要功能："云彩"滤镜、"纹理化"滤镜、"高斯模糊"滤镜、渐变工具、图层混合模式

光盘路径： CD\chapter 5\ 布染效果 \complete\ 布染最终效果.psd

操作步骤

STEP 01 按 Ctrl+N 快捷键，打开"新建"对话框，设置"名称"为"布染效果"，参数设置如图 5-1 所示，完成后单击"确定"按钮，创建一个新的图形文件。设置前景色为 # 845200，背景色为白色。对背景图层执行"滤镜>渲染>云彩"命令，使用默认颜色进行云彩化处理，如图 5-2 所示。

图 5-1

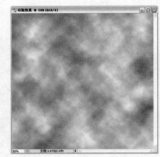

图 5-2

STEP 02 复制背景图层，修改"背景副本"图层的混合模式为"颜色加深"。 对"背景副本"图层执行"滤镜>纹理>纹理化"命令，打开如图 5-3 所示的对话框，对该图层进行布纹的处理，效果如图 5-4 所示。

图 5-3

图 5-4

STEP 03 保留前几步创建的图像。再新建一个图像文件，设置"名称"为"图案"，具体参数设置如图5-5所示，完成后单击"确定"按钮，创建一个新的图形文件。

图 5-5

STEP 04 选择椭圆选框工具，在属性栏中设置选区的固定大小，如图5-6所示。完成后在图像窗口中创建选区，如图5-7所示。

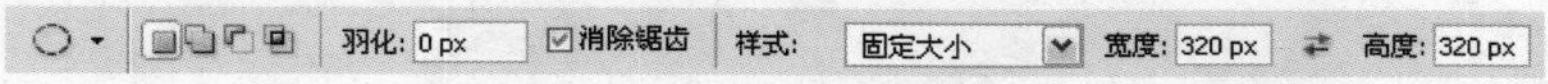

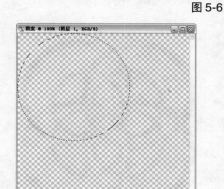

图 5-6

图 5-7

STEP 05 执行"编辑>描边"命令，打开"描边"对话框，设置描边的宽度，如图5-8所示。完成描边后取消选区，效果如图5-9所示。

图 5-8

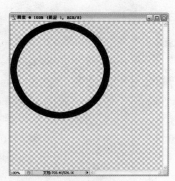

图 5-9

STEP 06 选择移动工具，同时按住Shift+Alt键，然后选择步骤5绘制的图形，并向右拖曳，可复制出第2个圆圈图形，如图5-10所示，"图层"面板中也自动生成一个副本图层。用这种方法复制，可以直接调整好复制图像的位置。然后复制出另外两个圆圈，排列成如图5-11所示的阵形。

图 5-10

图 5-11

STEP 07 选择最顶部的图层，然后按下 3 次 Ctrl+E 快捷键合并这 4 个图层，如图 5-12 所示。然后复制一次图层 1，如图 5-13 所示。

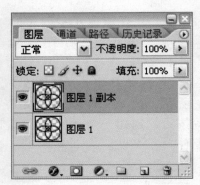

图 5-12　　　　　　　图 5-13

STEP 08 选择"图层 1 副本"图层，然后按 Ctrl+T 快捷键，按住 Shift+Alt 键的同时，拖曳任意一个控制点，向图像中心缩小图像，缩小到如图 5-14 所示的状态时，按 Enter 键完成变形。此时的"图层"面板如图 5-15 所示。

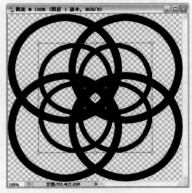

图 5-14　　　　　　　图 5-15

STEP 09 执行"编辑>定义图案"命令，在弹出的对话框中输入图案的命称，然后单击"确定"按钮，如图 5-16 所示。

图 5-16

STEP 10 选择前面制作的"布染效果.psd"文件，然后新建一个图层，并执行"编辑>填充"命令，打开如图 5-17 所示的对话框，选择步骤9定义的图案，完成效果如图 5-18 所示。

图 5-17　　　　　　　图 5-18

STEP 11 对图层 1 执行"滤镜>模糊>高斯模糊"命令，打开如图 5-19 所示的对话框，对填充的图案进行模糊处理，效果如图 5-20 所示。

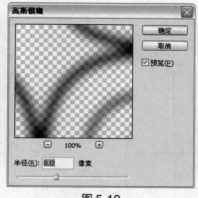

图 5-19

图 5-20

STEP 12 按住 Ctrl 键，单击"图层"面板中图层 1 的缩略图，载入图层 1 的选区，然后选择"背景副本"图层，按 Ctrl+J 快捷键，将选区内的图层复制到新图层中，完成后按 Ctrl+Shift+]快捷键，将图层 2 置于图层顶部，并修改图层 2 的混合模式为"颜色减淡"，如图 5-21 所示。

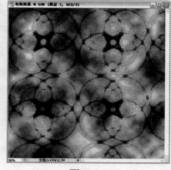

图 5-21

STEP 13 双击图层 1，在"图层样式"对话框中选择"投影"，参照图 5-22 设置参数，效果如图 5-23 所示。

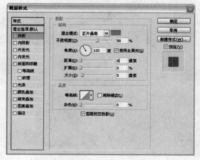

图 5-22

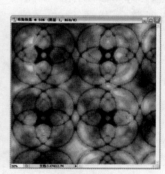

图 5-23

STEP 14 按 Ctrl+Alt+S 快捷键，打开如图 5-24 所示的对话框，在"文件名"文本框中输入"布染最终效果"，在"格式"下拉列表中选择 JPEG 格式，然后保存在指定的位置。单击"保存"按钮，则弹出如图 5-25 所示的对话框，根据需要设置文件的大小。完成后单击"确定"按钮。

图 5-24

图 5-25

STEP 15 打开步骤 14 存储的"布染最终效果.jpg"文件，在图像窗口顶部的标题栏上单击鼠标右键，在弹出的快捷菜单中选择"画布大小"命令，然后在"画布大小"对话框中重新设置画布的大小，如图 5-26 和图 5-27 所示。

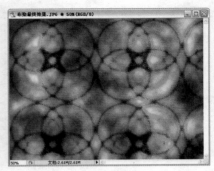

图 5-26

图 5-27

STEP 16 新建一个图层，设置前景色为 # ffcc00，选择渐变工具，然后选择"前景到透明"的填充模式，如图 5-28 所示。然后在图像窗口中从右到左进行线性渐变填充，如果效果不理想，可多填充几次，如图 5-29 所示。

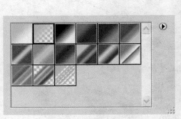

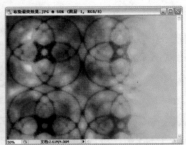

图 5-28

图 5-29

STEP 17 将前面制作好的图案拖曳到黄色背景图的位置，并适当调整大小，如图 5-30 和图 5-31 所示。

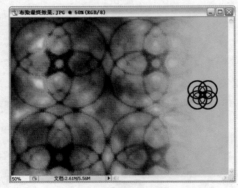

图 5-30

图 5-31

STEP 18 使用文字工具输入"画布染色"，然后调整文字的位置和大小。单击属性栏中的"创建文字变形"按钮，打开如图 5-32 所示的对话框，对文字进行适当的变形。完成本实例的最终效果，如图 5-33 所示。

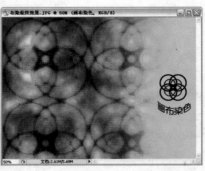

图 5-32

图 5-33

STEP 19 完成后按Ctrl+S快捷键，将文件进行存储，这里存储为PSD格式的文件，如图5-34所示。

图 5-34

制作提示：

布染当然会有彩色效果，在此可以模拟蜡染的效果。首先使用"云彩"滤镜制作布的底纹；然后选择自定形状工具中的一种形状路径作为布的花纹。最后为布添加颜色。这里使用"新建调整图层"中的"色相/饱和度"命令来调整。最重要的是为调整图层添加蒙版，使图像分隔成几块，颜色也可以随意调整。

光盘路径：

\chapter 5\ 布染效果 \complete\ 举一反三.psd

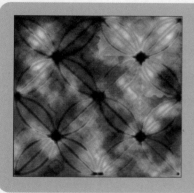

操作步骤

STEP 01 打开如图5-35所示的布染图像。

STEP 02 为图像添加"新建调整图层"命令中的"色相/饱和度"命令，将布纹换成紫色，如图5-36所示。

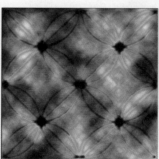

图 5-35

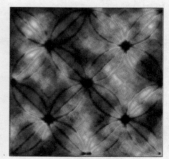
图 5-36

STEP 03 为新建调整图层创建一个图层蒙版，只显示左上角的图像，如图5-37所示。

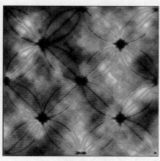
图 5-37

STEP 04 使用同样的方法对其他 3 个角的颜色进行调整，并使用蒙版功能有效区分颜色块，如图 5-38 所示。

STEP 05 使用"新建调整图层"命令和蒙版功能对图像的中间色块进行调整，如图 5-39 所示。

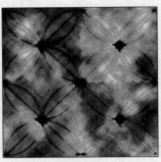

图 5-38

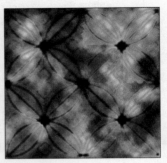

图 5-39

功能技巧归纳

1. "描边"命令可以创建选区边缘，用前景色进行描边处理。在如图 5-40 所示的对话框中，可以根据设计的需要修改描边的参数。描边效果在设计中经常使用，能为图像创造一些特殊的效果。

宽度：设置描边的宽度，以像素为单位。

颜色：设置描边颜色。

位置：设置描边的位置。选择"内部"，从选区边缘向内描边；选择"居中"，以选区线为中心向两侧描边；选择"居外"从选区边缘向外描边，如图 5-41 所示。

模式：设置彩色描边时的混合模式。

不透明度：设置描边色彩的不透明度。

图 5-40

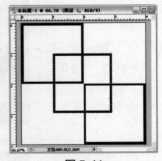

图 5-41

2. 单击文字工具属性栏上"创建变形文字"按钮，在弹出的对话框中，提供了 15 种简单的变形效果。在对话框中可以控制变形的方向是水平还是垂直，还可以通过"弯曲"、"水平扭曲"、"垂直扭曲"来控制变形的强度。

如图 5-42 所示是几种变形对比效果。

下弧

拱形

贝壳

花冠

旗帜

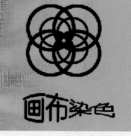
鱼形

膨胀

挤压

图 5-42

26 特殊封皮质感图像

特殊磨旧质感的封皮，总是给人神秘的感觉，再加上一点儿破旧感，可以增加几分传奇色彩。这个封皮效果的制作方法其实很简单，重点是通过一些细节来营造这个效果。

重要功能："云彩"滤镜、"龟裂缝"滤镜、画笔工具、橡皮擦工具、文字工具、图层矢量蒙版

光盘路径：CD\chapter 5\特殊封皮质感图像\complete\特殊封皮质感图像.psd

操作步骤

STEP 01 按 Ctrl+N 快捷键，打开"新建"对话框，设置"名称"为"特殊封皮质感图像"，具体参数设置如图 5-43 所示，完成后单击"确定"按钮，创建一个新的图形文件，如图 5-44 所示。

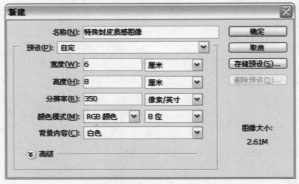

图 5-43   图 5-44

STEP 02 新建图层 1，设置前景色为 # e49679，背景色为 # 1c120e，然后执行"滤镜>渲染>云彩"命令，进行云彩化处理，如图 5-45 和图 5-46 所示。

图 5-45   图 5-46

STEP 03 对图层 1 执行 "图像>调整>色阶" 命令，或者按 Ctrl+L 快捷键，打开如图 5-47 所示的对话框，调整参数后如图 5-48 所示。

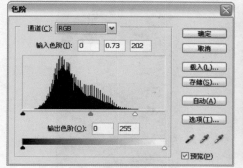
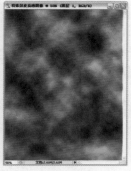

图 5-47　　　　　　　图 5-48

STEP 04 继续对图层 1 执行 "滤镜 > 纹理 > 龟裂缝" 命令，打开如图 5-49 所示的对话框，适当调整参数，如图 5-50 所示。

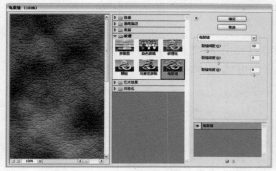

图 5-49　　　　　　　图 5-50

STEP 05 按 Ctrl+Shift+U 快捷键，对图像进行去色处理。然后按 Ctrl+L 快捷键，打开如图 5-51 所示的对话框，调整参数后的效果如图 5-52 所示。

图 5-51　　　　　　　图 5-52

STEP 06 使用移动工具，适当移动图层 1 的位置，然后双击图层 1，在弹出的 "图层样式" 对话框中选择 "投影" 和 "斜面和浮雕"，参照图 5-53 和图 5-54 设置参数，效果如图 5-55 所示。

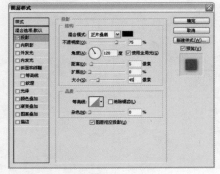
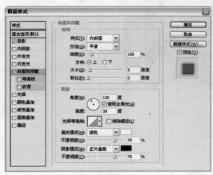

图 5-53　　　　　　　图 5-54　　　　　　　图 5-55

STEP 07 新建一个图层组，
然后在图层组中新建图层2。
选择矩形选框工具 ，在图
像窗口中创建一个矩形选区，
并对选区填充颜色（#
dfe0df），完成后取消选区，
如图5-56所示。

图 5-56

STEP 08 双击图层2，对图层2应用"内阴影"和"斜面和浮雕"图层样式，设置参数如图
5-57和5-58所示。效果如图5-59所示。

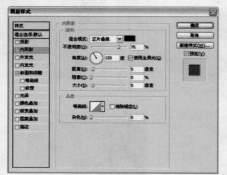

图 5-57

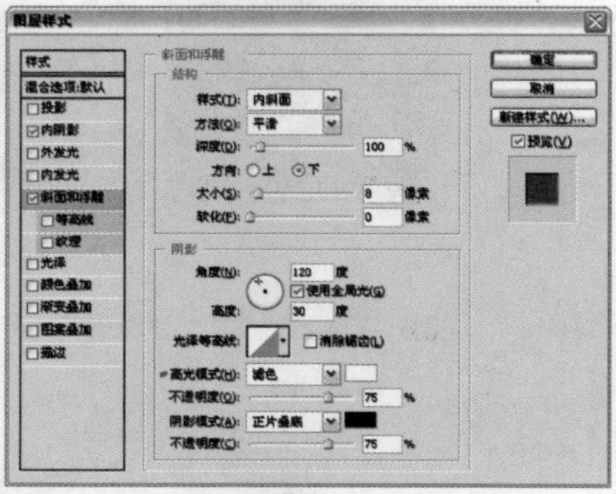

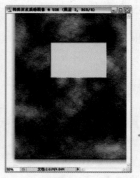

图 5-58

图 5-59

STEP 09 参考图5-60，使用文字工具 在图层组中输入文字，并对文字适当应用"内阴影"
图层样式，如图5-61所示。

图 5-60

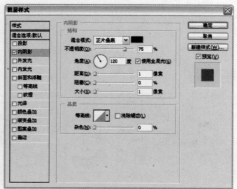

图 5-61

STEP 10 对文字进行栅格化处理，然后为一些文字图层添加图层矢量蒙版，使用画笔工具对文字进行单击或涂抹，使文字产生磨旧效果，如图5-62和图5-63所示。

图 5-62　　　　　　　　　图 5-63

STEP 11 为图层2添加一个图层矢量蒙版，选择画笔工具，并在属性栏中选择如图5-64所示的笔刷，画笔直径可随意进行调整。然后在图层2的蒙版上单击，制作一些脏旧的效果，如图5-65所示。

图 5-64　　　　　　　　　图 5-65

STEP 12 这里还可以适当添加一些装饰效果，在图层2上新建图层3，然后选择画笔工具，设置前景色为＃403f3f，选择"枫叶"状画笔，适当调节画笔直径，如图5-66所示。然后在图像窗口中单击，如图5-67所示。

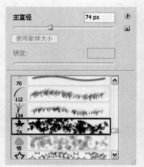

图 5-66　　　　　　　　　图 5-67

STEP 13 下面为图像添加一点裂缝效果，创建线条的方法有很多，这里介绍一种。在图层组的上层新建一个图层4。选择单列选框工具，设置前景色为白色后，在图像窗口的左边单击，创建一条宽度为1像素的选区，如图5-68所示，然后对选区填充白色。完成后取消选区，如图5-69所示。

图 5-68　　　　　　　　　图 5-69

STEP 14 选择橡皮擦工具，设置画笔为实边，"主直径"为7px，如图5-70所示，然后放大图像，依次擦掉多余的图像，如图5-71所示。

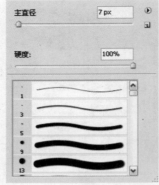

图 5-70　　　　　图 5-71

STEP 15 完成后如果觉得颜色不是很深，可复制几次线条图层。横向的线条，可以将竖向的线条进行90°的旋转，最终完成效果如图5-72所示，此时"图层"面板如图5-73所示。

图 5-72　　　　　图 5-73

举一反三

制作提示：

利用构图关系，可以制作多种封皮效果。首先运用"云彩"滤镜制作封皮的底纹；然后运用"纹理化"滤镜制作封皮的纹理；当然还需要微调图像的纹理效果，可以多复制几个图层，并调整图层的"不透明度"增强封皮的肌理感，有种磨皮的效果。最后复制前面制作好的标签，并适当调整标签的底色。

光盘路径：

CD\chapter 5\特殊封皮质感图像 \complete\ 举一反三.psd

操作步骤

STEP 01 新建一个图形文件。对背景填充灰色后，使用"光照效果"滤镜对背景进行处理，产生光晕效果，如图5-74所示。

图 5-74

STEP 02 运用"云彩"滤镜制作封皮的底纹，然后运用"纹理化"滤镜制作封皮的纹理，如图 5-75 所示。

STEP 03 新建两个图层，分别在这两个图层中制作一些磨旧的效果，修改图层混合模式为"柔光"，"不透明度"为 60％，效果如图 5-76 所示。

图 5-75

图 5-76

STEP 04 按键盘上的"—"键给封面添加封线效果，如图 5-77 所示。

STEP 05 使用矩形选框工具在封皮上创建一个矩形选区，并填充紫色，然后运用"投影"图层样式，增强封皮上的图案效果，如图 5-78 所示。

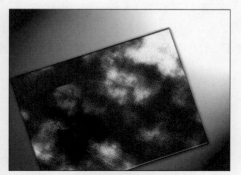

图 5-77

图 5-78

STEP 06 使用文字工具在紫色背景上输入适当的文字，并对文字适当添加"内阴影"图层样式，如图 5-79 所示。

STEP 07 复制制作好的第一个封皮，并调整复制图层的大小、位置等，如图 5-80 所示。

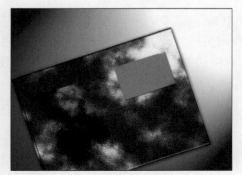

图 5-79

图 5-80

STEP **08** 再复制紫色的图章到第 2 个封皮中，适当调整位置，如图 5-81 所示。

STEP **09** 使用相同的方法复制第 3 个封皮，并适当调整图像的大小和位置等，如图 5-82 所示。

图 5-81

图 5-82

功能技巧归纳

1. "龟裂缝"滤镜可以使图像随机产生浮雕效果的裂纹纹理。在"龟裂缝"对话框中，"裂缝间距"用于控制裂纹纹理之间的距离；"裂缝深度"用于控制裂纹纹理的立体深浅程度；"裂纹亮度"用于控制裂纹纹理的明暗程度，值越大，纹理越亮。

运用"龟裂缝"滤镜可以为图像添加一些特殊的纹理，制作一些具有质感的物体效果比较好。如图 5-83 和图 5-84 所示是运用"龟裂缝"滤镜时"裂缝间距较大"和"裂缝间距较小"的效果对比。

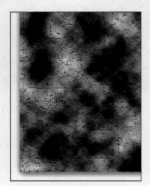

图 5-83

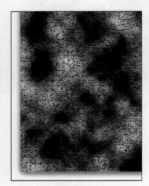

图 5-84

2. 按 Ctrl+Shift+U 快捷键，可以对图像进行去色处理。

3. 绘制虚线的方法，本实例介绍了一种，这里介绍另外一种方法。单击文字工具，在属性栏中适当设置文字的大小和颜色，然后多次按下键盘中的"－"键，直到得到需要的虚线长度。

使用这种方法创建虚线得到的是文字图层，如果还需要对虚线进行修改，可以将文字图层转换为普通图层，就可以随意进行编辑操作了。

27 布纹效果

拼花布纹有很强的纹理效果，在 Photoshop 中巧妙运用图层样式即可制作出布纹效果，同时拼花的图案和颜色还可以随意调整。下面将制作拼花的布纹效果。

重要功能： "斜面和浮雕"图层样式，"描边"命令、"扩展"命令

光盘路径： CD\chapter 4\布纹效果\complete\布纹效果.psd

操作步骤

STEP 01 按 Ctrl+N 快捷键，打开"新建"对话框，设置"名称"为"布纹"，具体参数设置如图 5-85 所示，完成后单击"确定"按钮，创建一个新的图形文件。然后对背景图层填充黄色（＃fffbd3），如图 5-86 所示。

图 5-85

图 5-86

STEP 02 新建图层 1，选择自定形状工具，在属性栏中单击"路径"按钮，在"形状"下拉面板中选择如图 5-87 所示的形状路径。然后在图像窗口中拖曳绘制路径，并使用路径选择工具调整路径的位置，如图 5-88 和图 5-89 所示。

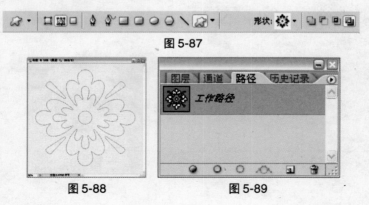

图 5-87

图 5-88

图 5-89

STEP 03 单击"路径"面板中的"将路径作为选区载入" 按钮，或者按 Ctrl+Enter 快捷键将路径转换为选区，如图 5-90 所示。然后对选区填充橙色（＃ ff7800），如图 5-91 所示。完成后取消选区。

图 5-90

图 5-91

STEP 04 双击图层 1，对该图层应用图层样式，在"图层样式"对话框中选择"斜面和浮雕"，并参照图 5-92、图 5-93 和图 5-94 设置参数，效果如图 5-95 所示。

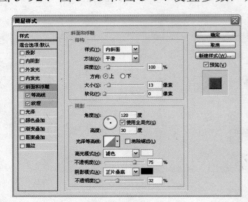
图 5-92

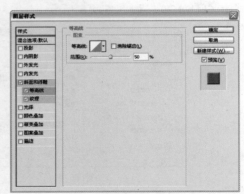
图 5-93

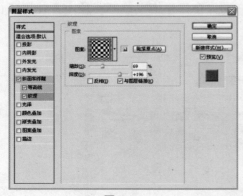
图 5-94

图 5-95

STEP 05 复制背景图层，双击"背景副本"图层，对该图层应用图层样式，参照图5-96和图5-97进行设置，效果如图5-98所示。

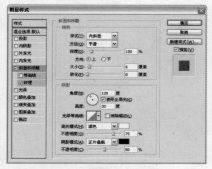

图5-96

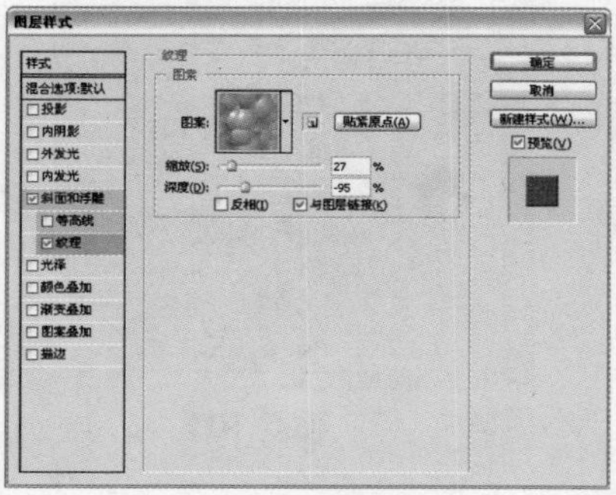

图5-97

图5-98

STEP 06 按Ctrl键，单击图层1的缩略图，如图5-99所示，重新载入图层1的图像选区。然后一定要注意选择"背景副本"图层，再按Delete键删除选区内的图像。完成后取消选区，如图5-100所示。

图5-99

图5-100

STEP 07 新建图层2，载入图层1的选区，然后执行"选择>修改>扩展"命令，打开如图5-101所示的对话框，设置"扩展量"为12px，效果如图5-102所示。

图5-101

图5-102

STEP 08 保持选区，执行"编辑>描边"命令，打开如图5-103所示的对话框，然后设置描边的参数和颜色，完成后保持选区，效果如图5-104所示。

图5-103

图5-104

STEP 09 对选区进行扩展处理，参数同样为 12px，完成后应用相同参数进行描边。重复这种操作 3 次，最后完成后取消选区，如图 5-105 和图 5-106 所示。

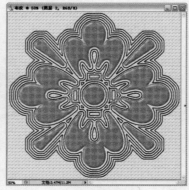

图 5-105

图 5-106

STEP 10 载入图层 2 的选区，然后选择"背景 副本"图层，按 Delete 键删除选区内的图像，如图 5-107 所示。完成后取消选区，布纹的浮雕效果将更明显。然后隐藏图层 2，效果如图 5-108 所示。

图 5-107

图 5-108

STEP 11 布纹的大体图案制作完成，还可以修改图层 1 的图层样式和颜色，如图 5-109 和图 5-110 所示，以便下面调整图案的颜色，效果如图 5-111 所示。

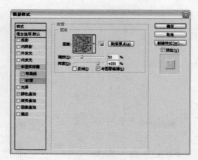

图 5-109

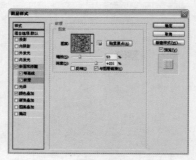

图 5-110

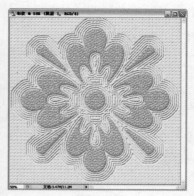

图 5-111

STEP 12 适当修改颜色后，
按 Ctrl+Alt+S 快捷键，打开
如图 5-112 所示的对话框，在
"文件名"文本框中输入
"布纹"，在"格式"下
拉列表中选择 JPEG 格式，然
后保存在指定的位置。打开
刚刚存储的 JPEG 文件，如图
5-113 所示。

图 5-112　　　　　　　图 5-113

STEP 13 按 Ctrl+N 快捷键，
打开"新建"对话框，设置
"名称"为"布纹效果"，
具体参数设置如图 5-114 所
示，完成后单击"确定"按
钮，创建一个新的图形文
件。然后将步骤 12 打开的
"布纹.jpg"文件拖曳到新建
文件中，并适当调整大小和
位置，如图 5-115 所示。

图 5-114　　　　　　　图 5-115

STEP 14 选择背景图层，按
Ctrl+A 快捷键，全选选区。然
后执行"编辑>描边"命令，
打开如图 5-116 所示的对话
框，适当设置描边的宽度和
颜色，完成后取消选区，如
图 5-117 所示。

图 5-116　　　　　　　图 5-117

STEP 15 复制多次图层 1，
然后适当调整大小和位置，
参照图 5-118 进行排列，此时
的"图层"面板如图 5-119
所示。

图 5-118　　　　　　　图 5-119

STEP 16 分别选择复制图层，然后按Ctrl+U快捷键，打开如图 5-120 所示的对话框，分别调整画布的颜色，如图 5-121 所示。

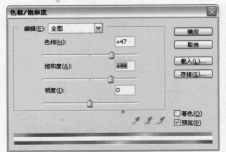

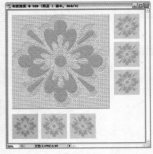

图 5-120

图 5-121

STEP 17 另外，利用"色相/饱和度"还可以根据自己的喜好进行调整，如图 5-122、图 5-123 和图 5-124 所示。

图 5-122

图 5-123

图 5-124

STEP 18 还可以为每个布块应用描边效果，适当设置描边的宽度和颜色，如图 5-125 和图 5-126 所示。

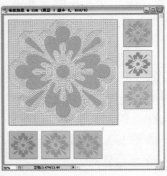

图 5-125

图 5-126

STEP 19 最后使用文字工具为图像添加一些文字效果，如图 5-127 和图 5-128 所示。

图 5-127

图 5-128

制作提示：

巧妙运用图层样式，还可以制作瓷砖（马赛克）效果，这里说的马赛克是一种小瓷砖。首先对底色图像运用"斜面和浮雕"图层样式制作瓷砖的颜色和纹理。再使用自定形状工具制作砖纹上的装饰图案。然后运用"斜面和浮雕"图层样式制作装饰图案的浮雕效果和砖纹。

光盘路径：

CD\chapter 5\ 布纹效果 \complete\ 举一反三.psd

操作步骤

STEP 01 新建一个图像文件，对背景图层填充绿色，如图 5-129 所示。

STEP 02 新建一个图层，使用自定形状工具创建一个方块路径，转换成选区后填充粉绿色，如图 5-130 所示。

图 5-129

图 5-130

STEP 03 对该图层运用图层样式效果，增加瓷砖的质感和厚度感，如图 5-131 所示。

STEP 04 载入图层 1 的选区后反选选区，从背景图层中复制选区内的图像到新图层中。然后对新图层运用"斜面和浮雕"图层样式，效果如图 5-132 所示。

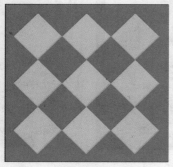

图 5-131

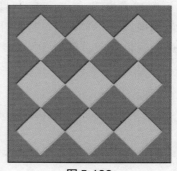

图 5-132

STEP 05 新建一个图层，使用自定形状工具在方块中创建9个黄色的形状图案。然后对图案进行描边处理，如图5-133所示。

STEP 06 对图像运用"斜面和浮雕"图层样式，使图块和背景的图案相同，如图5-134所示。

图5-133

图5-134

功能技巧归纳

1. "色相/饱和度"调整命令是颜色调整命令中的一种，在设计中很常用，这里主要介绍使用"色相/饱和度"命令为图像着色的技巧。

"色相/饱和度"命令可以改变彩色图像的色调，在对话框中，通过调整"色相"来改变图像的颜色。"饱和度"用于控制颜色饱和程度，值过大，图像颜色会有失真的效果；值越小，为-100时，图像变成灰度图像。"明度"用于控制图像的亮度，为-100时，图像变成黑色；为100时，图像变成白色。

在数码相片的后期处理中，常常需要应用"色相/饱和度"命令来调整，对如图5-135所示的图像的背景色调单独处理，得到一种怀旧的效果，如图5-136所示。

图5-135

图5-136

2. "色相/饱和度"对话框中还有一项重要的功能——着色。选择"着色"复选框，还可以调整"色相"值为灰度图像上色，但这个上色图像只有一个单色。对如图5-137所示的图像进行着色处理，效果如图5-138所示。

图5-137

图5-138

28 个性十字绣

风靡一时的十字绣艺术，广泛受到人们的喜爱。通过简单的针线就能创造丰富的图像，层次分明。通过 Photoshop 一样可以设计各种漂亮的十字绣图案，下面一起来试试吧。

重要功能： 选框工具、"填充"命令、"扩展"命令、图层不透明度

光盘路径： CD\chapter 5\个性十字绣 \complete\ 个性十字绣.psd

操作步骤

STEP 01 按 Ctrl+N 快捷键，打开"新建"对话框，设置"名称"为"个性十字绣"，参数设置如图 5-139 所示，然后单击"确定"按钮，创建图形文件。按 Ctrl+R 键显示标尺，在标尺中单击鼠标右键，在弹出的快捷菜单中选择"像素"，如图 5-140 所示。

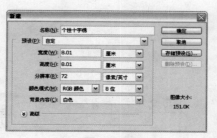

图 5-139

图 5-140

STEP 02 新建图层 1。多次按 Ctrl+ + 快捷键，直到图像放大到最大状态。然后拖动图像窗口的滑块，移动到左上角，如图 5-141 所示。

图 5-141

STEP 03 单击矩形选框工具，在属性栏的"样式"下拉列表中选择"固定大小"选项，设置"宽度"和"高度"都为 2px。在图像窗口中单击创建选区，并填充为蓝色（# 6dcff6）。完成后取消选区，如图 5-142 和图 5-143 所示。

图 5-142

图 5-143

STEP 04 按 Alt+F9 键，打开
"动作"面板。接下来的操作
将会充分发挥"动作"面板的
作用。单击"动作"面板底
部的"创建新组"按钮 ⬜，
打开如图 5-144 所示的对话框，
输入组的名称后单击"确定"
按钮，在弹出的对话框中输入
动作的名称，如图 5-145 所示。

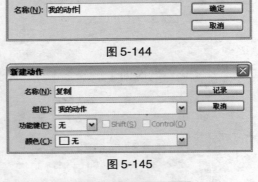

图 5-144

图 5-145

STEP 05 此时"动作"面板中
的复制动作进入动作录制状
态，如图 5-146 所示。

图 5-146

STEP 06 选择移动工具，按
住 Shift+Alt 键的同时，向右拖
曳鼠标，观察标尺中的参考
线，将复制的图像调整到相
隔 2px 的地方，如图 5-147 所
示。单击"动作"面板中的
"停止播放/记录"按钮，查看
"动作"面板，自动记录下这
个动作，如图 5-148 所示。

图 5-147   图 5-148

STEP 07 单击"动作"面板
中的"播放选定动作"按
钮，如图 5-149 所示，自动复
制图像。

图 5-149

STEP 08 查看"图层"面板,自动生成多个图层1的副本图层,如图5-150和图5-151所示。

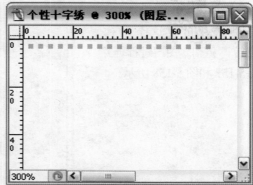

图 5-150

图 5-151

STEP 09 隐藏背景图层,然后单击"图层"面板右上角的⊙按钮,在弹出的面板菜单中选择"合并可见图层"命令,如图5-152所示,即可将方块图层合并为一个图层。完成后显示背景图层。

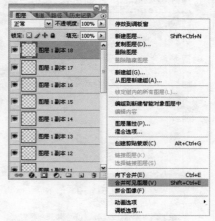

图 5-152

STEP 10 复制图层1,并调整"图层1副本"图层的位置,如图5-153所示。然后合并"图层1"和"图层1副本",如图5-154所示。

图 5-153

图 5-154

STEP 11 切换到"动作"面板中,新建一个动作,然后将"复制图层1"记录为动作,如图5-155和图5-156所示。

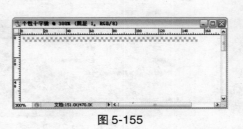

图 5-155

图 5-156

STEP 12 单击"播放选定动作"按钮，重复这个动作，完成后再将副本图层进行合并，如图 5-157 和图 5-158 所示。

图 5-157

图 5-158

STEP 13 再将这两排方块图像的复制记录为动作，然后多次单击"播放选定动作"按钮，完成整个图像窗口的复制工作，如图 5-159 所示。完成后将所有副本图层合并1，如图 5-160 所示。

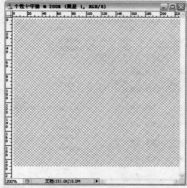

图 5-159

图 5-160

STEP 14 在背景图层上方新建图层 2，并对该图层填充蓝色（# b6ffff），如图 5-161 所示。

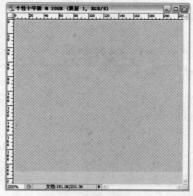

图 5-161

STEP 15 按 Ctrl+N 快捷键，打开"新建"对话框，设置"名称"为"交叉图案"，具体参数设置如图 5-162 所示，完成后单击"确定"按钮，创建一个新的图形文件。同样显示标尺，并设置标尺单位为像素，如图 5-163 所示。

图 5-162

图 5-163

STEP 16 选择矩形选框工具，在属性栏的"样式"下拉列表中选择"正常"命令，然后参照图 5-164 所示建立选区，完成后填充蓝色（＃00ffff）。使用矩形选框工具在图案的中心部分创建选区，并填充为深蓝色（＃00bff3），如图 5-165 所示。

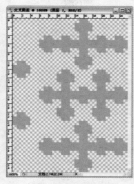 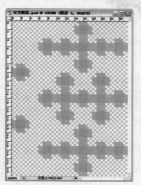

图 5-164　　　　　图 5-165

STEP 17 将图层1中的图像拖曳到"个性十字绣"文件中，并放在如图 5-166 所示的位置。此时的"图层"面板如图5-167所示。

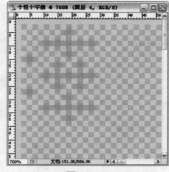 

图 5-166　　　　　图 5-167

STEP 18 复制多次图层3，也可以运用"动作"面板来复制，用动作来复制，速度快、而且位置准确，不用再微调，简单方便，如图 5-168 和图 5-169 所示。

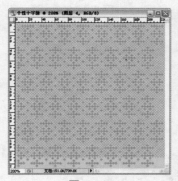 

图 5-168　　　　　图 5-169

STEP 19 合并图层3及其副本图层，并适当调整图像的位置后。使用矩形选框工具框选多余的图像，创建选区后按 Delete 键删除多余的图像，如图 5-170 和图 5-171 所示。

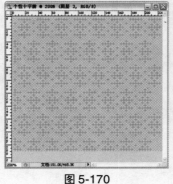 

图 5-170　　　　　图 5-171

STEP 20 复制单个交叉图案，补充有缺口的图像。完成后合并图层，如图5-172和图5-173所示。最后删除多余的图像。

图 5-172

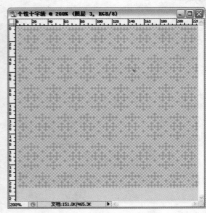

图 5-173

STEP 21 下面创建气泡。新建图层4。放大图像，选择矩形选框工具，并适当修改属性栏上固定大小的像素，根据情况随意调整宽度为1px，高度为2px；或者宽度为2px，高度为1px；或者宽度和高度都为1px。然后根据蓝色的方块来创建气泡的选区，完成后填充为白色。这里可以把不同大小的气泡放在不同的图层中，以便后面进行复制和调整位置。如图5-174和图5-175所示。这里为了观察效果，隐藏图层3。

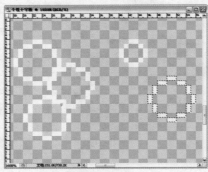

图 5-174

图 5-175

STEP 22 复制气泡，并随意组合位置，完成后将气泡合并为一个图层。如图5-176和图5-177所示。

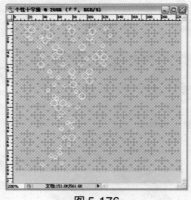

图 5-176

图 5-177

STEP 23 重新载入图层4的选区，然后执行"选择>修改>扩展"命令，打开"扩展选区"对话框，设置"扩展量"为1px，效果如图5-178所示。然后新建图层5，对选区填充白色，并设置图层5的"不透明度"为50%，使气泡图像更清晰。将图层5拖曳到图层4的下层，效果如图5-179所示。

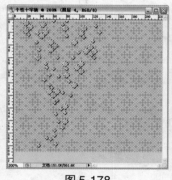

图5-178

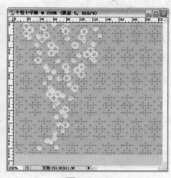

图5-179

STEP 24 接下来为图像添加一些辅助图像，使图像更美观。新建一个图层6，选择矩形选框工具，在图像窗口中创建一个选区，反选选区后对其填充白色，如图5-180和图5-181所示。

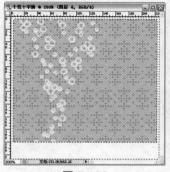

图5-180

图5-181

STEP 25 反选选区，然后执行"编辑>描边"命令，打开如图5-182所示的对话框，设置描边的宽度和颜色（#00bff3），效果如图5-183所示。最后取消选区。

图5-182

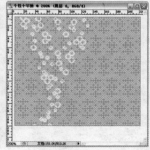

图5-183

STEP 26 新建图层7，接来制作图像的文字，配合十字绣的主题，通过像素块来制作文字。首先选择矩形选框工具，通过"固定大小"来创建文字的一个拼凑选区，如图5-184所示，完成后对选区填充蓝色（#00bff3），如图5-185所示。

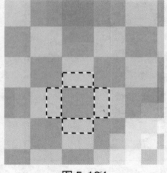

图5-184

图5-185

STEP 27 根据这个选区，通过复制和调整文字，来拼成英文字母，如图 5-186 所示，将其放置在图像窗口的下方，如图 5-187 所示。

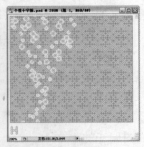

图 5-186　　　　　　　图 5-187

STEP 28 使用相同的方法制作出其他文字，如图 5-188 所示。 适当为图像添加一些其他元素，方法都类似，这里就不重复说明了，如图 5-189 所示。

图 5-188　　　　　　　图 5-189

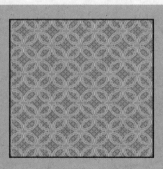

制作提示：
十字绣的颜色也是比较丰富的，在此可以适当运用前面制作的方法改变图案的排列方式，然后利用颜色变化制作出各种十字绣的明暗关系，也能使图案更丰富。最后还可以通过"渐变映射"命令改变十字绣的颜色。

光盘路径：
CD\chapter 5\ 个性十字绣 \complete\ 举一反三.psd

操作步骤

STEP 01 新建一个图像文件，并对背景填充黄色，如图 5-190 所示。

STEP 02 结合使用矩形选框工具和移动工具创建像素图案，如图 5-191 所示。

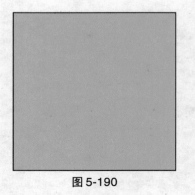

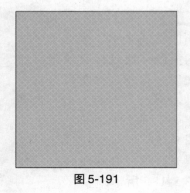

图 5-190　　　　　　　图 5-191

STEP 03 结合使用矩形选框工具和移动工具创建如图 5-192 所示的像素图案。

STEP 04 结合使用矩形选框工具和移动工具创建圈状边缘的像素图案，如图 5-193 所示。

图 5-192

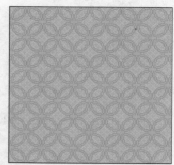

图 5-193

STEP 05 可以使用"图像>调整>渐变映射"命令，对图像进行颜色的任意调整，如图 5-194 所示。

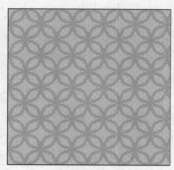

图 5-194

功能技巧归纳

1. 矩形选框工具可以为图像创建矩形选区，按 Shift 键的同时，可创建正方形选区。使用椭圆选框工具时按住 Shift 键可以创建正圆选区。

2. 在矩形选框工具属性栏的"样式"下拉列表中提供了 3 种创建方式：正常、固定长宽比、固定大小。

选择"固定长宽比"时，所建立的选区将保持在数值框中设置的长宽比。

选择"固定大小"时，在右侧的数值框中输入具体的尺寸数值，然后在图像窗口中单击鼠标左键，即可创建设置好长宽大小的选区。这个方法在绘制一些像素图像时非常方便。

这里需要注意的是，如果使用了"固定长宽比"、"固定大小"方式后，矩形选框工具仍然保持这种方式，如果需要绘制其他选区时，需要选择"正常"方式，才能绘制其他选区。

3. 在 Photoshop 中，可以将一系列的图像编辑命令和操作记录下来，使其成为一个动作，然后让这个包含许多命令组的动作自动重复执行以前的操作。运用"动作"命令，可以节省大量的时间和精力。

按 Alt+F9 快捷键，可弹出"动作"面板。"动作"面板的操作类似于"图层"面板中的操作，如果需要自己录制动作时，则可以新建一个动作或动作集，以便于管理。对不需要的动作也可以删掉。

在如图 5-195 所示的"动作"面板中，"默认动作"是系统自带的动作，"我的动作"是自己创建的动作。

图 5-195

　　"动作"面板左边的☑符号用于动作的限制使用。表示可以一次执行一个动作集，也就是一次执行包含在动作集中的所有动作；也可以只执行动作集中的部分动作，只需要取消动作前面的☑符号，则在执行动作集时，就会跳过该动作，并且动作集原本黑色的☑符号会变成红色的☑符号。

　　"动作"面板底部的 6 个按钮的使用方法非常简单，其中与"图层"面板不同的就是左边 3 个按钮。

　　"停止播放/记录"按钮 ▣ ：动作录制完成后，单击该按钮，可完成动作的录制。

　　"开始记录"按钮 ⦿ ：新建一个动作以后，按钮自动被激活，开始记录动作。

　　"播放选定的动作"按钮 ▶ ：动作录制完成后，单击该按钮，即可在图像窗口中重复该动作。

29 泥雕效果

泥雕也是一种手工艺术，可以在泥上雕刻、上色、抛光等，同时泥雕也是一种典雅的艺术品。通过画笔工具自定义雕刻的花纹，如果你喜欢，还可以雕上人像。然后运用图层样式让雕刻立体真实起来。

重要功能： 画笔工具、"内阴影"图层样式、"外发光"图层样式、"斜面和浮雕"图层样式、"颜色叠加"图层样式、文字工具、蒙版

光盘路径： CD\chapter 5\泥雕效果\complete\泥雕效果.psd

操作步骤

STEP 01 按 Ctrl+N 快捷键，打开"新建"对话框，设置"名称"为"泥雕效果"，具体参数设置如图 5-196 所示，完成后单击"确定"按钮，创建一个新的图形文件。然后按 Ctrl+R 快捷键显示标尺，从标尺中拖曳一条参考线放置在图像窗口的中心位置。对背景图层填充土黄色（＃cc9933），如图 5-197 所示。

图 5-196

图 5-197

STEP 02 单击画笔工具 ，在属性栏中单击"画笔"下拉按钮，弹出画笔设置面板，单击面板右上角的按钮，在弹出的面板菜单中选择"特殊效果画笔"命令，在弹出的提示对话框中单击 追加(A) 按钮，在"画笔"面板中会增加画笔样式，如图5-198 所示。

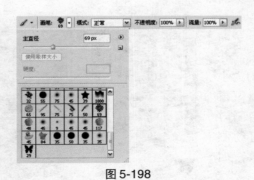

图 5-198

STEP 03 选择图 5-198 中的"花瓣"画笔样式，然后单击工作界面右上角的"画笔"标签，在弹出的面板中设置画笔的抖动大小，如图 5-199 所示。新建一个图层 1，重新设置前景色为黄色（＃e0a728），按住 Shift 键不放，在图像窗口的中线位置按住鼠标左键不放并向左拖曳，绘制出 5 朵花形图案，如图 5-200 所示。

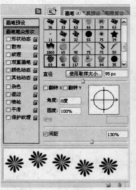

图 5-199

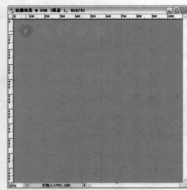

图 5-200

STEP 04 继续在图层 1 中绘制左边和底边的花形图案，底边的花形同样从右到左绘制，以便与上面排列位置相同，如图 5-201 和图 5-202 所示。

图 5-201

图 5-202

STEP 05 继续在"画笔"面板中选择其他画笔样式，并参照图 5-203 设置画笔的大小和间隔距离，然后在图像窗口中绘制花形图案，如图 5-204 所示。如果觉得花的颜色比较浅，还可以在同一位置多单击两次，使花的图像更明显。

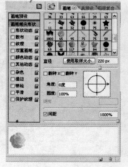

图 5-203

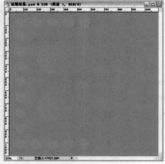

图 5-204

STEP 06 继续在"画笔"面板中选择其他画笔样式，并参照图 5-205 设置画笔的大小和间隔距离，然后在图像窗口中绘制蝴蝶图案，绘制时逐渐减少直径大小，可绘制出大小不等的蝴蝶图像，如图 5-206 所示。

图 5-205

图 5-206

STEP 07 继续使用其他画笔样式为图像添加一些细节的图像，画笔大小您还可以根据自己的设计效果来调整，如图 5-207 所示。完成后单击矩形选框工具，框选参考线右边的图像，然后按下 Delete 键删除多余的图像，如图 5-208 所示。

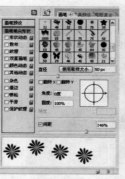

图 5-207

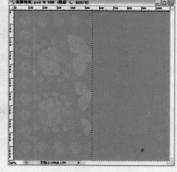

图 5-208

STEP 08 框选参考线左边的图像，按 Ctrl+J 快捷键将选区内的图像复制到新图层中，如图 5-209 所示，对新图层执行"编辑>变换>水平翻转"命令，并适当调整图像的位置到参考线的右边，如图 5-210 所示。

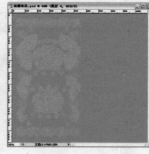

图 5-209

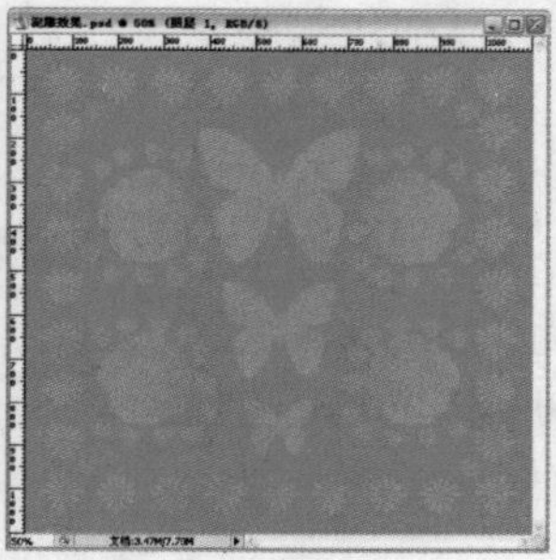

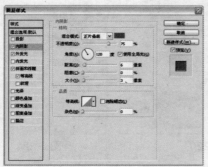

图 5-210

STEP 09 对图层 2 按下 Ctrl+E 快捷键，向下合并图层。双击图层 1，参照图 5-211～图 5-214 为图层 1 应用"内阴影"、"外发光"、"斜面和浮雕"图层样式，使图像具有立体效果，如图 5-215 所示。

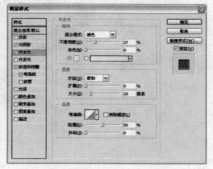

图 5-211

图 5-212

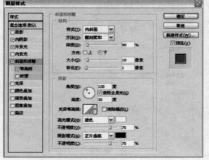

图 5-213

图 5-214

图 5-215

STEP 10 新建一个图层 4，载入图层 1 的选区，如图 5-216 所示。执行"选择>修改>扩展"命令，打开"扩展选区"对话框，设置"扩展量"为 13px，完成后对选区填充颜色（# e0a728），完成后取消选区，如图 5-217 所示。

图 5-216

图 5-217

STEP 11 对图层 2 应用与步骤 9 相同参数的图层样式，参照图 5-218 适当修改"斜面和浮雕"的参数。然后设置图层 2 的"不透明度"为 50%，效果如图 5-219 所示。这里要注意，图层 2 在图层 1 的下层。

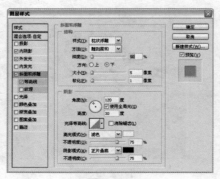

图 5-218

图 5-219

STEP 12 新建图层 3，设置在最顶层。设置前景色为 # 7b3908，背景色为白色，然后执行"滤镜>渲染>云彩"命令，对图层 3 应用云彩效果，如图 5-220 和图 5-221 所示。

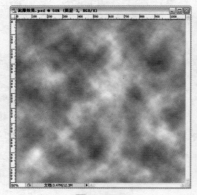

图 5-220

图 5-221

STEP 13 对图层 3 应用"斜面和浮雕"图层样式，参照图 5-222 和图 5-223 适当修改参数。

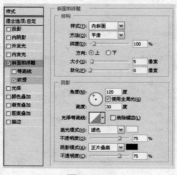

图 5-222

图 5-223

STEP 14 修改图层3的混合模式为"正片叠底",并设置图层"不透明度"为50%,完成效果如图5-224和图5-225所示。

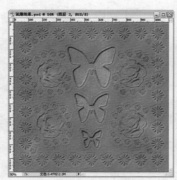

图 5-224

图 5-225

STEP 15 图像制作完成后,还需要为图像添加文字效果。输入文字后将文字进行栅格化处理,然后对文字应用图层样式,可以拷贝图层1的图层样式,再添加"颜色叠加"图层样式,如图5-226和图5-227所示。

图 5-226

图 5-227

STEP 16 载入文字的选区,执行"选择>修改>扩展"命令,设置"扩展量"为2px,然后反选选区,分别在图层1和图层2中添加蒙版,如图5-228和图5-229所示。

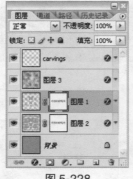

图 5-228

图 5-229

STEP 17 单击矩形选框工具,在图层1上创建一个矩形选区,完成后反选选区,如图5-230所示。然后在图层1的蒙版上填充黑色,完成后取消选区,可形成边框的效果,如图5-231所示。

图 5-230

图 5-231

举一反三

制作提示：
运用图层样式还可以制作地球表面的效果。首先对背景图层填充土黄色，然后新建一个图层，设置前景色为海蓝色，选择画笔工具，这里需要灵活调整笔刷的形状，边缘地带择颗粒状的笔刷，大块面积的地方选择虚边的笔刷，大致绘制出海的形状以后，应用前面制作泥雕效果时使用的图层样式，最后使用蒙版工具，在海陆交界的地方进行粗糙处理，一幅简单的地球表面图就制作完了。

光盘路径：
CD\chapter 5\ 泥雕效果 \complete\ 举一反三.psd

操作步骤

STEP 01 新建一个图像文件，并对背景图层填充土黄色，如图 5-232 所示。

STEP 02 新建一个图层。设置前景色为蓝色，选择画笔工具，并设置画笔为粗糙的笔触，然后在图像中涂抹，创建大海的效果和陆地交接的效果，如图 5-233 所示。

图 5-232

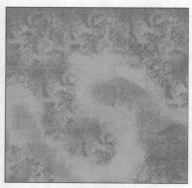

图 5-233

STEP 03 对新图层应用多种图层样式，增强陆地的厚度感，如图 5-234 所示。

STEP 04 为新图层创建一个图层蒙版，使用画笔工具对陆地进行强化处理，使陆地和海洋的交接效果更自然，如图 5-235 所示。

图 5-234

图 5-235

STEP 05 使用文字工具在图像窗口的底部创建文字效果，如图 5-236 所示。

图 5-236

功能技巧归纳

在 Photoshop 的"变换"命令中，除了缩放、选择、斜切、扭曲、透视等，还提供了 5 种变形方式：旋转 180 度、旋转 90 度（顺时针）、旋转 90 度（逆时针）、水平翻转和垂直翻转。这 5 种效果可以对图像快捷进行变形，而且自动对齐，方便快捷。

运用"水平翻转"命令可以准确镜像复制图像；运用"垂直翻转"命令可以制作倒影的效果，非常实用。对如图 5-237 所示的图像进行变形，效果如图 5-238~ 图 5-242 所示，

图 5-237

图 5-238

图 5-239

图 5-240

图 5-241

图 5-242

Chapter 6 插图手绘艺术

现在流行手工的艺术品都比较珍贵，我们这里不妨运用 Photoshop的强大功能，随心所欲地制作出自我一派的艺术作品，体会 DIY 的极限乐趣。

30 七彩气泡

儿时玩耍的七彩气泡，带有浓厚的童话色彩，色彩缤纷的气泡也给我们带来很多乐趣和珍贵的回忆。通过 Photoshop 的滤镜可以制作七彩气泡效果，为你的回忆留下一点痕迹。

重要功能： "切变"滤镜、"玻璃"滤镜、"旋转扭曲"滤镜、"球面化"滤镜、画笔工具、图层混合模式。

光盘路径： CD\chapter 6\七彩气泡\complete\七彩气泡.psd

操作步骤

STEP 01 按 Ctrl+N 快捷键，打开"新建"对话框，设置"名称"为"背景图像"，具体参数设置如图 6-1 所示，完成后单击"打开"按钮，创建一个新的图形文件。

图 6-1

STEP 02 新建图层 1，选择渐变工具 ，在属性栏的渐变颜色条中选择颜色，然后参照图 6-2 设置其他参数。完成后在图像窗口中从右到左进行渐变填充，如图 6-3 所示。

图 6-2

图 6-3

STEP 03 对图层 1 执行"滤镜>扭曲>切变"命令，在打开的对话框中设置参数，如图 6-4 所示。效果如图 6-5 所示。

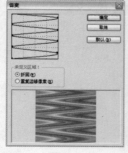

图 6-4

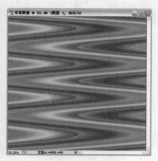

图 6-5

STEP 04 执行"滤镜>扭曲>玻璃"命令,参数设置如图6-6所示,完成效果如图6-7所示。

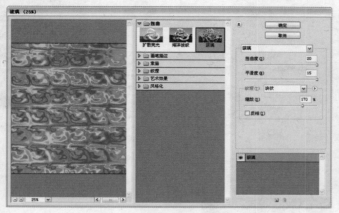

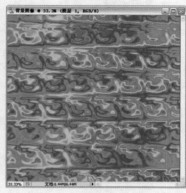

图6-6

图6-7

STEP 05 执行"编辑>变换>旋转90°(顺时针)"命令,将图像旋转一定的角度,如图6-8所示。然后执行"滤镜>扭曲>旋转扭曲"命令,设置"角度"为200°,如图6-9所示。

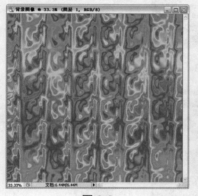

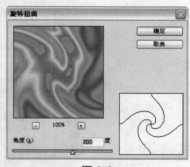

图6-8

图6-9

STEP 06 选择椭圆选框工具◯,按住 Shift 键的同时在图像窗口旋转的漩涡位置创建一个正圆选区,如图6-10所示。保持选区,执行"滤镜>扭曲>球面化"命令,打开如图6-11所示的对话框,设置"数量"为100。如果效果不明显,还可以按 Ctrl+F 键重复上一步滤镜的操作。完成后继续保持选区,如图6-12所示。

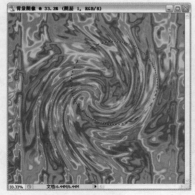

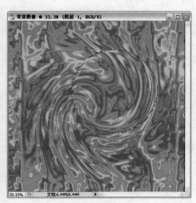

图6-10

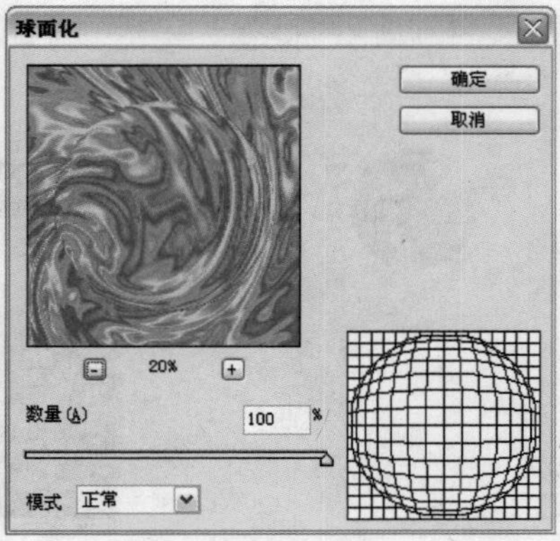

图6-11

图6-12

STEP 07 按Ctrl+N快捷键，打开"新建"对话框，设置名称为"气泡"，具体参数设置如图6-13所示，完成后单击"确定"按钮，创建一个新的图形文件。对背景图层填充黑色，如图6-14所示。

图 6-13　　　　　　　图 6-14

STEP 08 将步骤6制作的选区内图像拖曳到"气泡"文件中，并适当调整图像的大小，如图6-15所示。效果和"图层"面板如图6-16和图6-17所示。

图 6-15

图 6-16　　　　　　　图 6-17

STEP 09 修改图层1的"不透明度"为27%，然后单击"图层"面板底部的"添加图层蒙版"按钮，为图层1添加图层蒙版，如图6-18所示。选择画笔工具，设置画笔的"不透明度"为50%左右，画笔大小约100px，完成后在蒙版中心处点击，创建蒙版效果，此时的"图层"面板如图6-19所示。

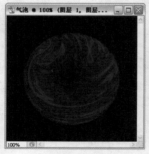

图 6-18　　　　　　　图 6-19

STEP 10 新建图层2，重新载入图层1中气泡图像的选区，对其填充黑色。然后执行"滤镜>渲染>镜头光晕"命令，打开如图6-20所示的对话框，在气泡的左上角创建一个光晕效果，如图6-21所示。

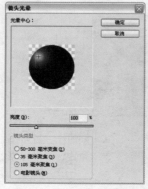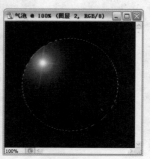

图 6-20　　　　　　　图 6-21

STEP 11 按 Ctrl+Alt+F 快捷键，弹出"镜头光晕"对话框，打开如图 6-22 所示的对话框，然后在气泡的右下角再添加一个光晕效果，如图 6-23 所示。

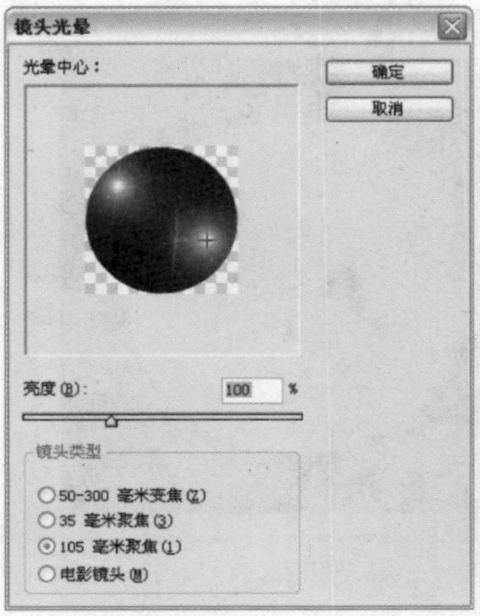

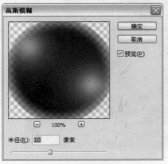

图 6-22

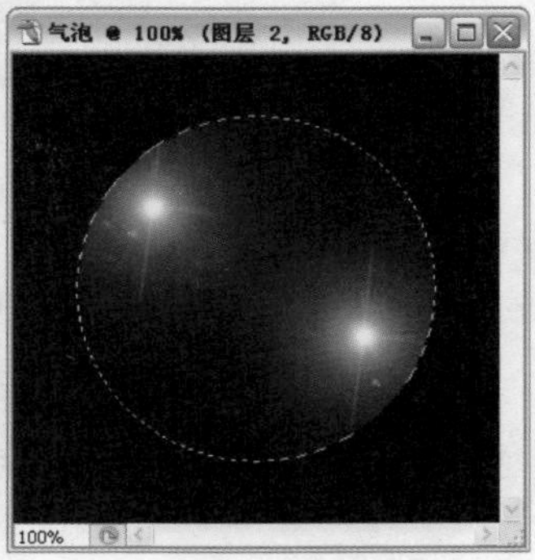

图 6-23

STEP 12 执行"滤镜>模糊>高斯模糊"命令，打开如图 6-24 所示的对话框，设置"半径"为 10。完成后再按 Ctrl+L 快捷键，打开如图 6-25 所示的对话框，适当调整图像的亮度，效果如图 6-26 所示。

图 6-24

图 6-25

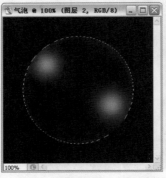

图 6-26

STEP 13 取消选区后，将图层 2 拖曳到图层 1 的下方，并修改图层 1 的图层混合模式为"滤色"，如图 6-27 和图 6-28 所示。

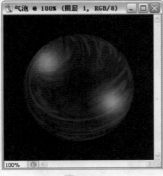

图 6-27

图 6-28

STEP 14 新建图层3，载入图层1的图像选区，选择画笔工具，设置"不透明度"为20%，然后设置前景色从浅黄色（＃fffeec）到土黄色（＃7b795c），颜色可以随意调整，注意这里的颜色决定显示气泡的颜色，如图6-29所示。此时的"图层"面板如图6-30所示。

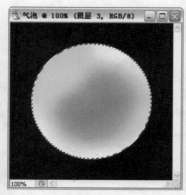

图 6-29

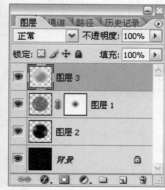

图 6-30

STEP 15 修改图层3的图层混合模式为"亮光"，气泡的颜色清晰可见，如图6-31和图6-32所示。

图 6-31

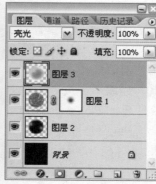

图 6-32

STEP 16 保持选区，选择画笔工具，保持前面的设置，设置前景色为＃fffeec，然后选择图层2，在气泡的边缘进行单击或涂抹，增加气泡的反光，如图6-33所示。此时的"图层"面板如图6-34所示。

图 6-33

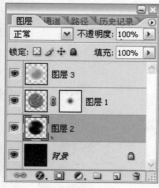

图 6-34

STEP 17 保持选区，选择画笔工具，保持前面的设置，设置前景色为＃fffeec，然后选择图层2，在气泡的边缘进行单击或涂抹，增加气泡的反光，如图6-35所示。此时的"图层"面板如图6-36所示。

图 6-35

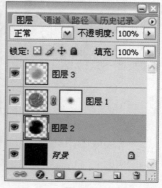

图 6-36

STEP 18 取消选区。同时选择图层1、图层2和图层3，然后按Ctrl+G快捷键，将这3个图层合并在一个图层组内，如图6-37所示。然后复制这个图层组，再删掉组1副本中的图层3副本。最后隐藏组1，如图6-38所示。

图 6-37

图 6-38

STEP 19 在"图层1副本"上层创建一个新的图层，然后为气泡添加颜色，在此设置颜色为蓝色，如图6-39所示。完成后修改该图层的图层混合模式为"亮光"，效果如图6-40所示。

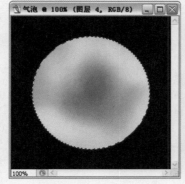

图 6-39

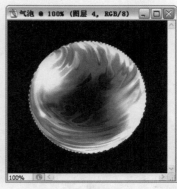

图 6-40

STEP 20 完成后分别显示组1和组1副本，然后另存为JPEG文件，如图6-41所示。然后打开本书配套光盘中chapter 6\七彩气泡\media\风景.jpg文件，如图6-42所示。

图 6-41

图 6-42

STEP 21 将前面保存的气泡JPEG文件打开，并拖曳到风景图像中，适当调整图像的大小和位置，如图6-43所示。并将图层的混合模式修改为"滤色"，如图6-44所示。

图 6-43

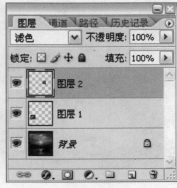

图 6-44

STEP 22 复制气泡图像，然后调整复制气泡图像的位置和大小，还可以通过按Ctrl+U快捷键，在弹出的"色相/饱和度"对话框中调整气泡的颜色，如图6-45所示。最后将所有的气泡图层合并为一个图层，并修改图层混合模式为"滤色"，如图6-46所示，完成气泡的所有制作。

图 6-45

图 6-46

制作提示：

气泡图像可以为节日氛围增色不少，制作好的气泡还可以运用到其他环境中。选择一幅适合的背景图像，然后复制前面已经制作好的气泡图像。根据环境的不同，还可以适当使用"色相/饱和度"命令调整气泡的颜色。最后加入适合圣诞节的文字，一张节日卡片的背景就完成了，接下来就享受这份快乐吧！

光盘路径：

CD\chapter 6\七彩气泡\complete\举一反三.psd

操作步骤

STEP 01 打开一幅节日气氛比较浓的图像，如图6-47所示。

STEP 02 复制前面制作好的气泡图像，并适当修改气泡的颜色和大小等，如图6-48所示。

图 6-47

图 6-48

STEP 03 为图像的左方加入一些气泡图像，可以单独调整某个气泡的颜色，使气泡的整体效果更漂亮，如图 6-49 所示。

STEP 04 最后为图像添加适当的文字，效果如图 6-50 所示。

图 6-49

图 6-50

功能技巧归纳

1. "切变"滤镜可以对图像进行扭曲处理，在"切变"对话框中，可以通过调整扭曲线条来控制扭曲的效果。默认状态下，扭曲线条是一条直线，可以在直线上设置控制点，还可以拖曳控制点的位置来完成扭曲变形。

在"未定义区域"中还有两种扭曲的方式，用于控制图像弯曲后空白区域的填充方式。如图 6-51 和图 6-52 所示是切换效果的对比。

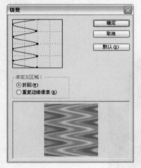

图 6-51

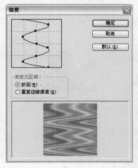

图 6-52

2. "旋转扭曲"滤镜可以对图像进行旋转漩涡式的扭曲，旋转扭曲时旋转中心比边缘更强烈。在"旋转扭曲"对话框中，"角度"用于控制旋转扭曲的方向是顺时针扭曲（正值）还是逆时针扭曲（负值）。如图 6-53 和图 6-54 所示为顺时针和逆时针旋转的效果。

图 6-53

图 6-54

3. "镜头光晕"滤镜模拟逆光拍摄时产生的炫晕光照效果。在"光晕中心"区域,移动十字线来调整光源的位置。"亮度"用来控制光晕的强度,值越高光线越强烈。在"镜头类型"区域有 4 种不同的照相机镜头,镜头不同,产生的光晕效果也不同。

对如图 6-55 所示逆光照片应用"镜头光晕"滤镜,如图 6-56 和图 6-57 所示为不同的镜头类型的效果对比。

图 6-55

图 6-56

图 6-57

31 DIY 浓情巧克力

是否还在为情人节礼物发愁，所谓什么东西都是手工制作的比较珍贵。下面将亲自动手来制作浓情巧克力。

重要功能：路径工具、"塑料包装"滤镜、"动感模糊"滤镜、"渐变叠加"图层样式

光盘路径：　CD\chapter 6\ DIY 浓情巧克力 \complete\ DIY 浓情巧克力.psd

操作步骤

STEP 01 按 Ctrl+N 快捷键，打开"新建"对话框，设置"名称"为"DIY 浓情巧克力"，具体参数设置如图 6-58 所示，完成后单击"确定"按钮，创建一个新的图形文件。对背景图层填充黑色。完成后双击背景图层，将背景图层转换为普通图层，如图 6-59 所示。

图 6-58

图 6-59

STEP 02 单击自定形状工具 ，参照图 6-60 设置属性栏中的各项参数，然后在"形状"下拉面板中选择几种形状，作为巧克力的外形，如图 6-61 和图 6-62 所示。连续在图像窗口中绘制 9 个形状，这里需要注意的是将 9 个形状放在同一个图层，如图 6-63 所示。

图 6-60

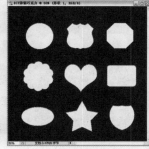

图 6-61　　　　图 6-62

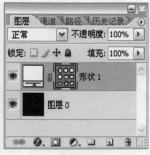

图 6-63

提示

在同一图层连续绘制 9 个形状路径，需要单击属性栏上的 ▣ 按钮，在创建第 2 个形状路径的时候，一定要先单击该按钮，才能继续绘制，这个是不容忽视的细节。

STEP 03 选择路径选择工具 ▶，适当调整形状的位置，使左右上下之间的距离比较合适，还可以调整形状的排列位置，如图 6-64 所示。

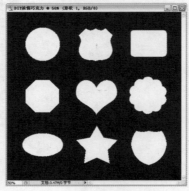

图 6-64

STEP 04 使用相同的方法在外形的中心连续绘制 7 个巧克力的浮雕外形，在属性栏中设置颜色为黑色。效果如图 6-65 所示，此时的"图层"面板如图 6-66 所示。

图 6-65

图 6-66

提示

在设置颜色的时候，避免在形状 1 图层上修改颜色，否则有可能把形状 1 图层上的形状路径修改为黑色。所有改变颜色的时候最好先选择图层 0，然后再绘制形状 2。

STEP 05 使用文字工具 T 在剩下两个外形的中心输入英文字母，文字颜色为黑色，如图 6-67 所示。完成后将文字图层进行删格化处理，如图 6-68 所示。

图 6-67

图 6-68

STEP 06 选择所有的图层，按Ctrl+G快捷键将图层组合在一个图层组内。完成后复制组1，并在"组1副本"上单击鼠标右键，选择"合并组"命令，如图6-69所示。将图层组合并为一个普通图层，如图6-70所示。

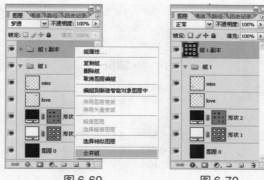

图 6-69　　　　　图 6-70

STEP 07 复制"组1副本"图层，对复制图层执行"滤镜>艺术效果>塑料包装"命令，打开如图6-71所示的对话框，设置适当的参数，效果如图6-72所示。

图 6-71　　　　　图 6-72

STEP 08 在此对图层进行重新命名，以便后面的操作简单化，图层名太长则不利于图层的管理，如图6-73所示。完成后复制"塑料包装"图层，如图6-74所示。

图 6-73　　　　　图 6-74

STEP 09 隐藏"塑料包装"图层和它的副本图层，然后选择魔棒工具，在属性栏中设置"容差"为10，取消选择"连续"复选框，然后单击形状图层中白色的图像区域，如图6-75所示。创建选区后显示刚刚隐藏的两个图层，然后在"塑料包装 副本"图层中按Ctrl+I快捷键，对选区内的图像进行反相处理，效果如图6-76所示。此时的"图层"面板如图6-77所示。

图 6-75　　　　　图 6-76　　　　　图 6-77

STEP 10 保持选区，执行"编辑>描边"命令，打开如图6-78所示的对话框，设置"宽度"为3px，"颜色"为黑色，完成后取消选区，如图6-79所示。

图 6-78

图 6-79

STEP 11 复制"塑料包装副本"图层，并将复制图层重新命名为"上面"。为"上面"图层添加图层蒙版，单击魔棒工具，并取消选择"连续"复选框，然后选择"形状"图层，并在图像窗口中单击黑色的背景图像，自动载入选区，如图6-80所示。此时的"图层"面板如图6-81所示。

图 6-80

图 6-81

STEP 12 观察图像选区，并没有完全包含巧克力的外形，执行"选择>修改>收缩"命令，打开"收缩选区"对话框，设置"收缩量"为6，完成后蒙版填充黑色，如图6-82所示。此时的"图层"面板如图6-83所示。

图 6-82

图 6-83

STEP 13 取消选区后，双击"上面"图层，打开如图6-84所示的对话框，设置"渐变叠加"的参数，色标从左到右为#160707和#311a0b，完成效果如图6-85所示。

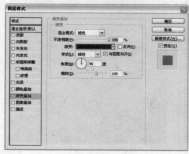

图 6-84

图 6-85

STEP 14 新建一个图层，载入"上面"图层的蒙版选区，然后对选区填充白色，然后反选选区，并填充黑色，如图6-86和图6-87所示。完成后取消选区。

图 6-86　　　　　图 6-87

STEP 15 复制图层1，对"图层1副本"图层执行"滤镜>模糊>动感模糊"命令，打开如图6-88所示的对话框，设置"角度"为90°，效果如图6-89所示。

图 6-88　　　　　图 6-89

STEP 16 使用魔棒工具，并取消选择"连续"复选框，然后在"图层1 副本"图层的图像窗口中单击黑色的背景图像，自动载入选区，完成后反选选区，如图6-90所示。然后复制"图层1 副本"图层，并在复制图层中对选区填充白色，如图6-91所示。此时的"图层"面板如图6-92所示。

图 6-90　　　　　图 6-91　　　　　图 6-92

STEP 17 对"图层1 副本2"图层按Ctrl+L快捷键，打开如图6-93所示的对话框，设置参数后效果如图6-94所示。

 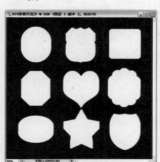

图 6-93　　　　　图 6-94

STEP 18 在最上层新建一个图层，使用魔棒工具 ✻，选择 "形状" 图层中白色图像选区，如图 6-95 所示。然后选择矩形选框工具 ▭，并单击属性栏上的 ▣ 按钮，然后在图像窗口中加选侧面多出的选区，如图 6-96 所示。最后反选选区，在新图层中填充黑色，如图 6-97 所示。

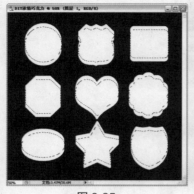

图 6-95

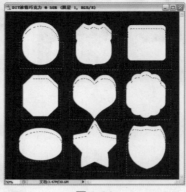

图 6-96

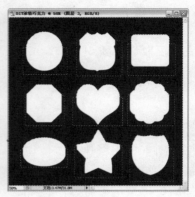

图 6-97

STEP 19 观察图像选区，多余的侧面被遮挡住了，取消选区后，按 Ctrl+E 快捷键，向下合并一个图层，完成侧面蒙版的制作。然后将图层 1、图层 1 副本、图层 1 副本 2 组合在一个组内，并命名为 "侧面"。

STEP 20 隐藏 "侧面" 图层组，复制 "塑料包装副本" 图层，然后将复制图层重新命名为 "侧面"，如图 6-98 所示。然后使用对 "上面" 图层添加蒙版的方法，为 "侧面" 图层添加蒙版，载入步骤 19 制作的 "侧面" 蒙版选区，并对背景填充黑色，巧克力外形填充为白色，"图层" 面板如图 6-99 所示。

图 6-98

图 6-99

STEP 21 同样为 "侧面" 图层应用 "渐变叠加" 图层样式，设置渐变颜色的色标分别为黑色和 # 413028，如图 6-100 和图 6-101 所示。

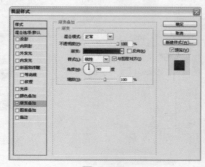

图 6-100

图 6-101

STEP 22 将除"组1"和"侧面"组以外的图层组合为一个图层组，并重新命名为"巧克力"，如图6-102所示。然后复制该图层组，并合并为一个普通图层，如图6-103所示。

图 6-102　　　　　图 6-103

STEP 23 新建一个图层组，并重新命名为"完成"，然后将"巧克力 副本"图层拖曳到"完成"图层组中，在该组中新建一个图层，对其填充为粉红色（# c989af），如图6-104和图6-105所示。

图 6-104　　　　　图 6-105

STEP 24 拖曳图层2到"巧克力 副本"图层的下方。然后在"巧克力 副本"图层上载入前面制作好的"侧面"图层蒙版图层的选区，如图6-106和图6-107所示。

图 6-106　　　　　图 6-107

STEP 25 确定选择"巧克力副本"图层后，按Delete键删除多余的背景图层，完成后对该图层应用图层样式，参数设置如图6-108所示，为图像添加"投影"效果，使图像的立体感更强，如图6-109所示。

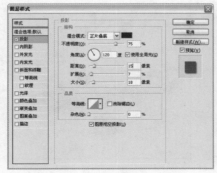

图 6-108　　　　　　　　　　　图 6-109

STEP 26 一盒自己动手制作的情人节巧克力图像就大致完成了，最后还可以使用文字工具，写上你的祝福和真情告白，如图 6-110 所示。此时的"图层"面板如图 6-111 所示。

图 6-110　　　　　　　图 6-111

制作提示：

将自己制作的巧克力图像适当进行变形处理，换置在其他主题图片上，既符合主题，又显得别致。这里主要对阴影进行细致的调整，根据其他巧克力的阴影，创建选区后从背景图像中复制，然后微调阴影的颜色。

光盘路径：

CD\chapter 6\ DIY 浓情巧克力 \complete\ 举一反三.psd

操作步骤

STEP 01 打开一幅适合摆放巧克力的图像文件，如图 6-112 所示。

STEP 02 复制前面制作好的图像文件，然后适当调整巧克力的大小、位置和透视关系，如图 6-113 所示。

STEP 03 为了使巧克力的透视效果更真实，为巧克力制作了阴影效果，如图 6-114 所示。

图 6-112

图 6-113

图 6-114

路径选择工具可以用于选择一个或多个路径并对其进行移动、组合、排列等，其属性栏将显示为如图 6-115 所示的状态。

图 6-115

创建路径后，可以使用路径选择工具选择路径，分别调整路径的位置、大小等。同时框选几个路径后，还可以通过单击属性栏上的对齐按钮来对齐路径线。同时选中多个路径后，属性栏上的排列按钮才处于激活状态。选择如图 6-116 所示的路径并单击"水平居中对齐"按钮后，路径会居中对齐，如图 6-117 所示。

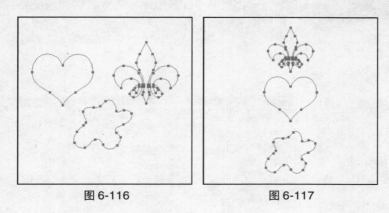

图 6-116　　　　　　　　图 6-117

属性栏上的 按钮用于对路径进行组合处理，选择需要组合在一起的路径，如图 6-118 所示，这里单击"添加到形状区域"按钮，再单击"组合"按钮完成路径的组合，将 3 个路径组合成一个路径，选择任意一个路径，都会全部选中，如图 6-119 所示。

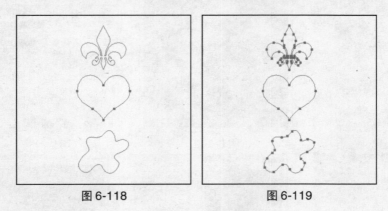

图 6-118　　　　　　　　图 6-119

选择路径工具时，按 Ctrl 键可切换到直接选择工具，此时可以单独对锚点进行调整。

32 怀旧唱片

在数码产品满天飞的时代，MP3 数字音乐为我们带来时代的气息，您是否还会想起老一代的唱片机，那种怀旧的风格是否为复古路线增加几分色彩。巧妙运用滤镜，可以制作出经典的老唱片。

重要功能："云彩"滤镜、"扭曲旋转"滤镜、"浮雕效果"滤镜、路径、Alpha 通道

光盘路径：CD\chapter 6\怀旧唱片\complete\怀旧唱片.psd

操作步骤

STEP 01 按 Ctrl+N 快捷键，打开"新建"对话框，设置"名称"为"怀旧唱片"，具体参数设置如图 6-120 所示，完成后单击"确定"按钮，创建一个新的图形文件。按下 Ctrl+R 快捷键，显示标尺，如图 6-121 所示。

图 6-120

图 6-121

STEP 02 新建图层。按 D 键恢复默认颜色，然后执行"滤镜>渲染>云彩"命令，如图 6-122 和图 6-123 所示。

图 6-122

图 6-123

STEP 03 对图层 1 执行"滤镜>扭曲>旋转扭曲"命令，打开如图 6-124 所示的对话框，设置"角度"为 999°，效果如图 6-125 所示。

图 6-124

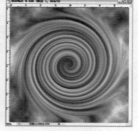

图 6-125

STEP 04 按 10 次 Ctrl+F 快捷键，重复执行"旋转扭曲"命令，效果如图 6-126 所示。

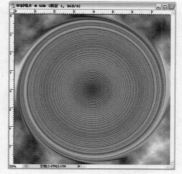

图 6-126

STEP 05 对图层 1 执行"图像>调整>亮度 / 对比度"命令，打开如图 6-127 所示的对话框，设置"对比度"为 50，效果如图 6-128 所示。

图 6-127

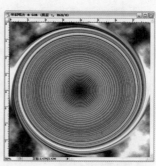

图 6-128

STEP 06 继续对图层 1 执行"编辑>变换>旋转 180 度"命令，效果如图 6-129 所示。

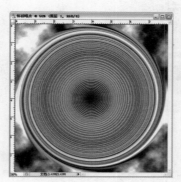

图 6-129

STEP 07 复制图层 1，对"图层 1 副本"图层执行"滤镜>风格化>浮雕效果"命令，参照图 6-130 设置参数，完成效果如图 6-131 所示。

图 6-130　　　　　　　图 6-131

STEP 08 单击椭圆工具，在属性栏上单击"路径"按钮 ，然后单击"多边形选项"按钮，在弹出的面板中设置路径的宽和高均为7cm，如图6-132所示。

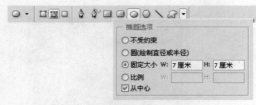

图 6-132

STEP 09 从标尺中拖拉出两条参考线。切换到"路径"面板中，新建一个路径，在图像窗口绘制一个圆形路径，如图6-133所示。这里为了观察效果，只显示背景图层。

图 6-133

STEP 10 分别创建4个路径图层，分别在每个路径图层中创建圆形路径，大小依次为1.4cm、6.6cm、4.6cm和3.7cm，此时的"路径"面板如图6-134所示。

图 6-134

STEP 11 在"通道"面板中单击"创建新通道"按钮 ，新建一个Alpha1通道，如图6-135所示。切换到"路径"面板中，旋转大小为7cm的路径图层，单击面板底部的"将路径作为选区载入"按钮 ，如图6-136所示。载入选区后切换到"通道"面板中，对Alpha通道填充白色，如图6-137所示。最后取消选区，图像窗口中的效果如图6-138所示。

图 6-135

图 6-136

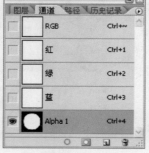

图 6-137

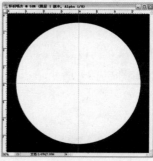

图 6-138

STEP 12 载入 4.1cm 大小的路径选区，对 Alpha 通道填充黑色，如图 6-139 和图 6-140 所示。

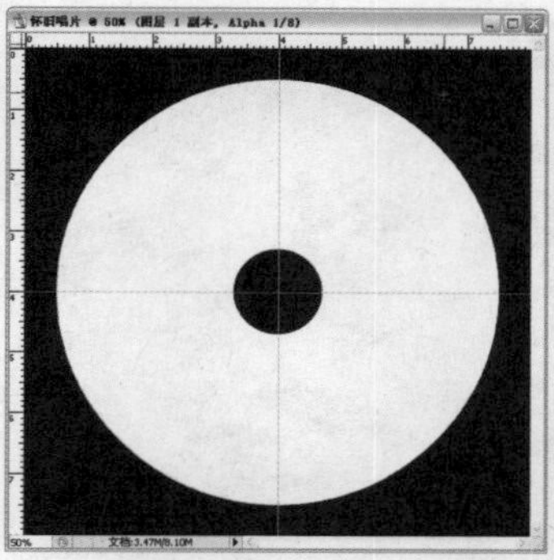

图 6-139

图 6-140

STEP 13 新建一个通道，使用相同的方法，对通道进行填充，这次绘制一个圆环，大小分别为 6.6cm 和 4.6cm，如图 6-141 和图 6-142 所示。

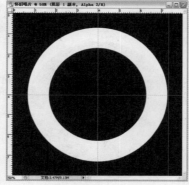

图 6-141

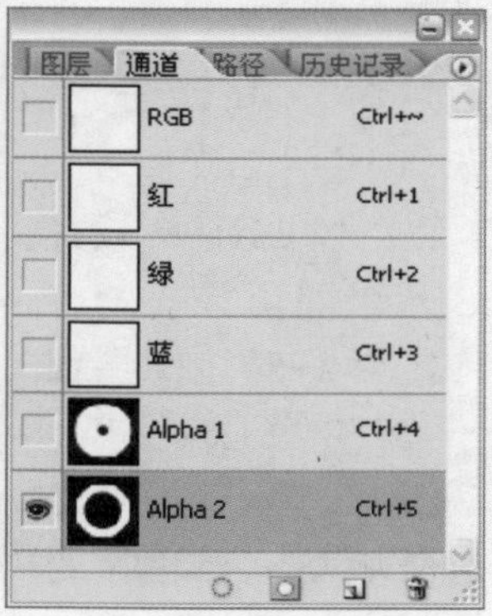

图 6-142

STEP 14 切换到"图层"面板中，复制"图层 1 副本"图层，并将复制图层重新命名为"光盘底"。新建一个图层，然后切换到"通道"面板中，载入 Alpha2 通道的选区，反选选区后，在新图层中填充灰色（＃868686），如图 6-143 和图 6-144 所示。

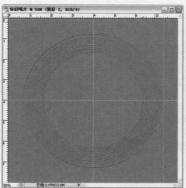

图 6-143

图 6-144

STEP 15 新建图层 3，对图层填充黑色，然后修改图层混合模式为"叠加"，如图 6-145 和图 6-146 所示。

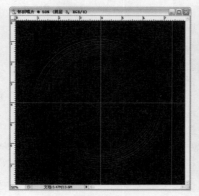

图 6-145

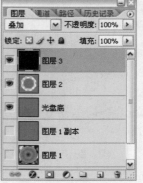

图 6-146

STEP 16 新建图层4，载入大小为3.7cm的路径选区，然后在新图层中填充红色（#c80000），如图6-147和图6-148所示。

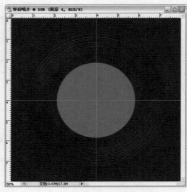

图 6-147

图 6-148

STEP 17 同时选择"光盘底"图层、图层2、图层3和图层4后，按Ctrl+G快捷键，将这几个图层放在一个图层组内。然后对该图层组添加一个图层蒙版。载入Alpha1通道的选区，反选选区后，对蒙版填充黑色，得到光盘的大致效果，如图6-149和图6-150所示。

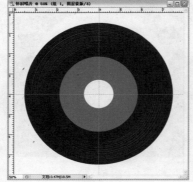

图 6-149

图 6-150

STEP 18 复制"组1"图层组，然后将复制的图层组合并为一个普通图层。双击合并图层，对其应用"投影"图层样式，参数设置如图6-151所示。完成效果如图6-152所示。

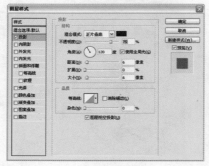

图 6-151

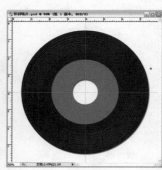

图 6-152

STEP 19 新建两个图层，使用矩形选框工具，在图像窗口的左上角和右下角分别创建一个矩形选区，然后对其填充绿色（#01ad1e）和黄色（#ffcc00），如图6-153所示。将黄色的图像放置在"组1副本"图层的下层，如图6-154所示。

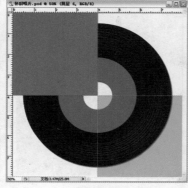

图 6-153

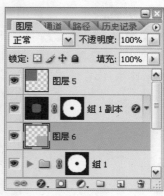

图 6-154

STEP 20 最后使用文字工具输入一些文字,增加图像的整体效果,如图 6-155 所示。

图 6-155

制作提示:

以前的老唱片主要是红色和黑色,我们可以利用老唱片组成一些现在流行的图像元素。复制前面制作好的唱片,适当修改"叠加"图层的颜色,然后对中间的小圆应用"斜面和浮雕"图层样式,适当增加唱片的厚度。最后适当添加一些文字即可。

光盘路径:

CD\chapter6\ 怀旧唱片 \complete\ 举一反三.psd

操作步骤

STEP 01 新建一个图像文件,使用前面相同的方法制作唱片的大小和基本纹理,如图 6-156 所示。

STEP 02 使用椭圆选框工具创建唱片中间的圆环效果,如图 6-157 所示。

STEP 03 新建一个图层,为图像添加颜色。这里设置混合模式为"叠加","不透明度"为 90 %,以便保留唱片的质感纹理,如图 6-158 所示。

图 6-156

图 6-157

图 6-158

STEP 04 使用"斜面和浮雕"图层样式增强唱片的质感，如图 6-159 所示。

STEP 05 使用文字工具为唱片添加文字，如图 6-160 所示。

STEP 06 使用相同的方法制作黑色的唱片，如图 6-161 所示。

图 6-159

图 6-160

图 6-161

STEP 07 使用相同的方法制作外黑内红的唱片，如图 6-162 所示。

STEP 08 最后调整 3 个不同颜色唱片的位置和排列顺序，如图 6-163 所示。

图 6-162

图 6-163

功能技巧归纳

　　1."浮雕效果"滤镜将图像的颜色转换为灰色，并用原图的颜色勾画边缘，图像显得凸出或凹陷，来模拟浮雕效果。

　　在"浮雕效果"对话框中，"角度"用于控制浮雕效果的光线照射方向，以便观察图像时凸出（正值）还是凹陷（负值）；"高度"用于控制凸出或凹陷的深度，值越大，立体的浮雕效果越明显；"数量"用于控制颜色含量的百分比，值越大原图像保留的颜色细节就越多。

　　运用"浮雕效果"滤镜可以让水粉或油画的笔触效果凸起。对如图 6-164 所示的图像运用"浮雕效果"滤镜，效果如图 6-165 所示。

图 6-164

图 6-165

2. 椭圆工具类似于椭圆选框工具，但椭圆工具属于路径工具中的一种。椭圆工具的属性栏保留路径工具的一些特征，这里主要介绍"椭圆选项"面板的参数。这个与选框工具类似，可以通过设置固定参数来绘制圆形路径，如图 6-166 所示。

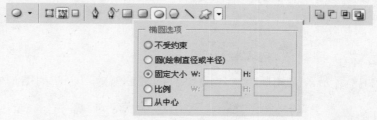

图 6-166

3. "路径"面板可以用来管理建立好的路径，"路径"面板上主要有 6 个按钮，如图 6-167 所示是 6 个按钮的具体名称介绍。

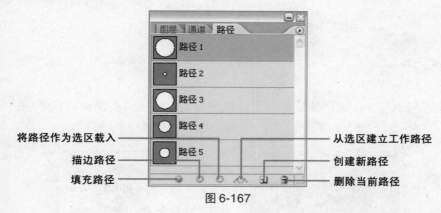

图 6-167

4. 选择某个路径，只需要单击某个路径即可，被选中的路径呈灰色状。

5. 将路径转换为选区，按 Ctrl+Enter 快捷键即可。

6. 对于路径所围成的区域可以用颜色对路径描边，并且可以自由设置描边用的绘图工具。选取要描边的路径，再单击"路径"面板底部的"描边路径"按钮，即可为路径描边。注意，这里是用前景色进行描边。

33 冰花玻璃

磨砂玻璃的诞生为我们增加了几分神秘感，如果再加上彩色的冰花效果，更加为我们的玻璃装饰品增加几分情趣。通过Photoshop的帮助，可以随心所欲地在玻璃上粘贴自己喜欢的图案。

重要功能："云彩"滤镜、"玻璃"滤镜、"曲线"命令、"斜面和浮雕"图层样式、图层混合模式

光盘路径：CD\chapter6\冰花玻璃\complete\冰花玻璃.psd

操作步骤

STEP 01 按 Ctrl+N 快捷键，打开"新建"对话框，设置"名称"为"冰花玻璃"，具体参数设置如图 6-168 所示，完成后单击"确定"按钮，创建一个新的图形文件。

图 6-168

STEP 02 新建图层 1。按 D 键恢复默认颜色。使用矩形选框工具在图像窗口中创建一个矩形选区，然后执行"滤镜>渲染>云彩"命令，如图 6-169 和图 6-170 所示。

图 6-169

图 6-170

STEP 03 取消选区后，对图层 1 按 Ctrl+M 快捷键，打开如图 6-171 所示的对话框，然后适当调整曲线值，将云彩的颜色调亮，如图 6-172 所示。

图 6-171

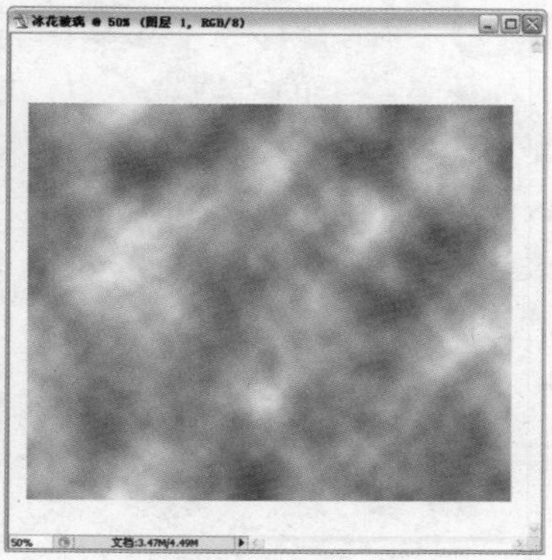

图 6-172

STEP 04 双击图层 1，应用"斜面和浮雕"图层样式，参照图 6-173 设置参数。为图像增加立体感，效果如图 6-174 所示。

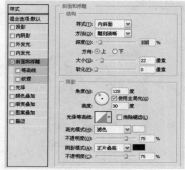

图 6-173

图 6-174

STEP 05 继续对图层 1 执行"滤镜>扭曲>玻璃"命令，打开如图 6-175 所示的对话框，适当修改参数，为图像添加磨砂玻璃质感，如图 6-176 所示。

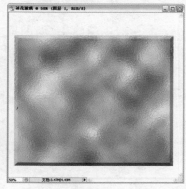

图 6-175

图 6-176

STEP 06 打开本书配套光盘中 chapter 6\冰花玻璃\media\太阳.jpg 文件，如图 6-177 所示。然后使用移动工具将图像拖曳到"冰花玻璃.psd"文件中，并适当调整图像的大小，如图 6-178 所示。

图 6-177

图 6-178

STEP 07 选择魔棒工具，取消选择属性栏上的"连续"复选框，在图层 2 的图像中单击白色图像，创建选区后按 Delete 键删除多余的白色边缘，如图 6-179 所示。完成后取消选区，此时的"图层"面板如图 6-180 所示。

图 6-179

图 6-180

STEP 08 使用魔棒工具选取太阳图像中黑色区域，保持选区，按 Ctrl+J 快捷键，将选区内的图像复制到新的图层中，如图 6-181 和图 6-182 所示。

图 6-181

图 6-182

STEP 09 双击图层 3，对图层 3 应用"斜面和浮雕"图层样式，参照图 6-183 设置参数。使太阳图像的边缘增加立体效果，如图 6-184 所示。

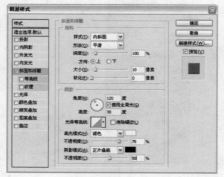

图 6-183

图 6-184

STEP 10 修改图层 2 的图层混合模式为"正片叠底"，可以观察到太阳图像中有颜色的部分变成了彩色玻璃的质感效果，如图 6-185 所示。

图 6-185

STEP 11 观察太阳图像，可以发现亮度都比较低，首先对图层 2 执行 "图像>调整>亮度 / 对比度" 命令，打开如图 6-186 所示的对话框，适当调整图像的亮度，如图 6-187 所示。

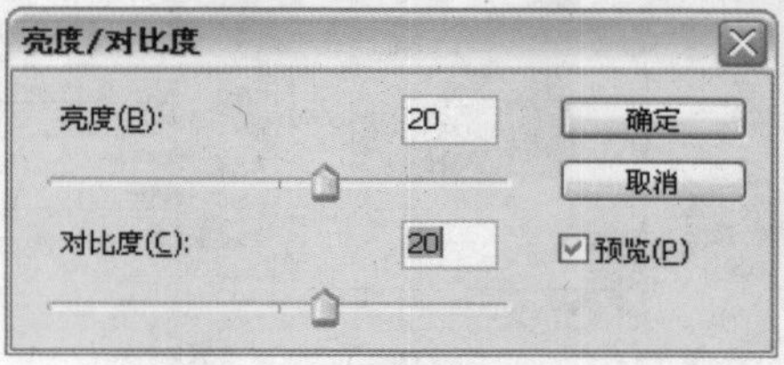

图 6-186

图 6-187

STEP 12 选择图层 3，执行 "图像>调整>色阶" 命令，打开如图 6-188 所示对话框，调整黑色框架的亮度，如图 6-189 所示。

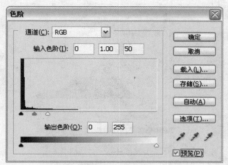

图 6-188

图 6-189

STEP 13 打开本书配套光盘中 chapter 6\ 冰花玻璃 \media\ 背景.jpg 文件，如图 6-190 所示。

图 6-190

STEP 14 直接使用移动工具将图像拖曳到 "冰花玻璃 . psd" 文件中，适当调整图像的大小，如图 6-191 所示。确定图像在背景图层的上层，如图 6-192 所示。

图 6-191

图 6-192

STEP 15 选择图层 1，执行"滤镜>渲染>光照效果"命令，打开如图 6-193 所示的对话框，对玻璃进行光照处理，如图 6-194 所示。

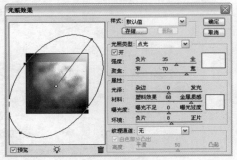
图 6-193

图 6-194

STEP 16 观察玻璃，颜色偏深了一点，可以通过按 Ctrl+L 快捷键，打开如图 6-195 所示的对话框，适当进行调节，效果如图 6-196 所示。

图 6-195

图 6-196

STEP 17 修改图层 1 和图层 2 的不透明度，让玻璃产生透明效果，因为是磨砂玻璃，90% 左右即可，如图 6-197 所示。彩色玻璃的颜色比较多，如果要让玻璃更简洁一点，使用魔棒工具在图层 2 的黄色太阳心处单击，创建选区后按 Delete 键，玻璃的另外一种效果就诞生了，如图 6-198 所示。

图 6-197

图 6-198

STEP 18 最后还可以为图像添加文字效果，删格化文字后，载入文字选区，切换到图层 4 中，按 Ctrl+J 快捷键，将选区内的图像复制到新的图层中。然后将图层 5 置于最顶层，并适当调整图像的亮度，如图 6-199 所示，使文字显示出来，这样可以配合玻璃的主题，效果如图 6-200 所示。

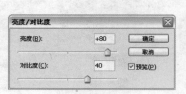
图 6-199

图 6-200

制作提示：

冰花玻璃上的对象不一定都是图案，适当使用一些文字效果也不错。也可根据设计需要进行适当调整。方法很简单，输入文字后进行描边处理，适当修改文字图层的不透明度即可。

光盘路径：

CD\chapter6\冰花玻璃\complete\举一反三.psd

操作步骤

STEP 01 打开前面制作好的玻璃文件，如图 6-201 所示。

STEP 02 使用文字工具在玻璃图像中输入文字，并修改混合模式为"正片叠底"，"不透明度"为 75%，如图 6-202 所示。

STEP 03 对文字应用"描边"图层样式，增强文字的整体效果，如图 6-203 所示。

图 6-201

图 6-202

图 6-203

　　"曲线"命令也可用于调整图像的色调，它与"色阶"命令不同的就是，不仅能调整亮部、暗部、中间色调，还可以调整灰阶曲线上的任意一点色阶。

　　按 Ctrl+M 快捷键，可弹出"曲线"对话框，默认情况下，曲线调整窗口的调节轴线用于控制图像的亮度，还可以在轴线单击来添加锚点，以便调整图像。

　　还可以在"通道"下拉列表中选择其他通道，进行调节。曲线调整的对比效果如图 6-204、图 6-205 和图 6-206 所示。

图 6-204

图 6-205

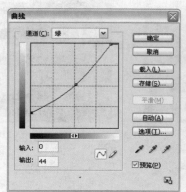

图 6-206

34 个性糖果

如今的糖果包装千变万化，五彩缤纷的颜色就足以勾起人们的食欲。漂亮的糖果包装纸是不是儿时的收藏之首？在此不妨动手来亲自体验一下糖果的制作过程。

重要功能： 路径工具、"塑料包装"滤镜、"液化"滤镜、"投影"图层样式、"色相／饱和度"命令、文字工具

光盘路径： CD\chapter 6\ 个性糖果 \complete\ 个性糖果完成.psd

操作步骤

STEP 01 按 Ctrl+N 快捷键，打开"新建"对话框，设置"名称"为"条纹"，具体参数设置如图6-207所示，完成后单击"确定"按钮，创建一个新的图形文件。

图 6-207

STEP 02 选择矩形选框工具，在属性栏的"样式"下拉列表框中选择"固定大小"，设置"宽度"为1200px，"高度"为3px。在图像窗口的底部单击，创建选区后，填充黑色。取消选区，效果如图6-208所示。

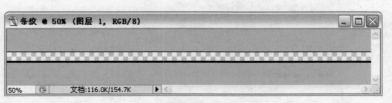

图 6-208

STEP 03 执行"编辑>定义图案"命令，在打开的"图案名称"对话框中设置名称，如图6-209所示。

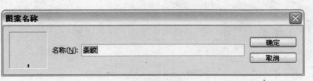

图 6-209

STEP 04 按 Ctrl+N 快捷键，打开"新建"对话框，设置"名称"为"个性糖果"，具体参数设置如图 6-210 所示，完成后单击"确定"按钮，创建一个新的图形文件。

图 6-210

STEP 05 新建图层 1，对图层 1 执行"编辑>填充"命令，打开如图 6-211 所示的对话框，选择步骤 3 创建的图案。完成后图像窗口中出现条纹图像，如图 6-212 所示。

图 6-211   图 6-212

STEP 06 对图层 1 按 Ctrl+T 快捷键，适当旋转条纹的角度，如图 6-213 所示。然后调整条纹的大小，复制图层 1，弥补有空白的地方，如图 6-214 所示。

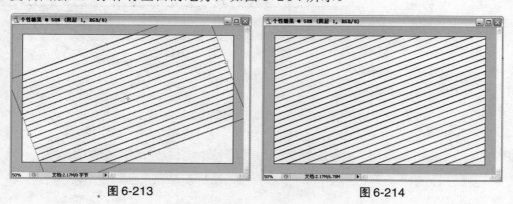

图 6-213   图 6-214

STEP 07　合并"图层 1"和"图层 1 副本",然后选择裁切工具,沿图像窗口的边缘创建裁切框,完成后按 Enter 键,裁掉条纹超出图像窗口的部分,如图 6-215 所示。

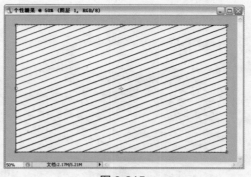

图 6-215

STEP 08　新建图层 2,选择矩形选框工具,固定大小的"宽度"为 1000px、"高度"为 550px,在图像窗口的中心位置创建一个选区,并填充为红色(#ff0000)。然后将图层 2 拖曳到图层 1 的下层,效果如图 6-216 所示。

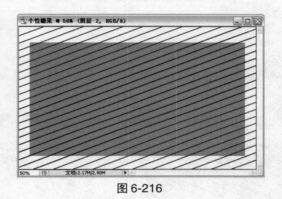

图 6-216

STEP 09　修改图层 2 的"不透明度"为 50%。载入图层 2 的图像选区,反选选区后切换到图层 1 中,按 Delete 键删掉多余的条纹图案,效果如图 6-217 所示。

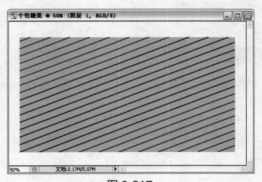

图 6-217

STEP 10　新建图层 3,选择自定形状工具,在"形状"下拉面板中选择"五角星"的图案。绘制如图 6-218 所示的五角星。然后单击直接选择工具,调整路径节点的位置,使五角星的轮廓更加分明,如图 6-219 所示。这里隐藏条纹图层,以便观察效果。

图 6-218　　　　　　　　图 6-219

STEP 11 按 Ctrl+Enter 键将路径转换为选区，完成后在图层 3 上填充白色，如图 6-220 所示。

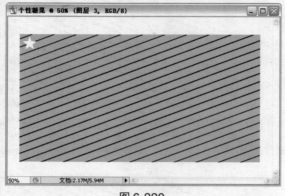

图 6-220

STEP 12 复制五角星的图像，然后进行排列，完成后合并所有的五角星图层，如图 6-221 和图 6-222 所示。

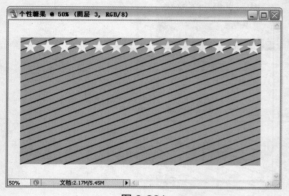

图 6-221

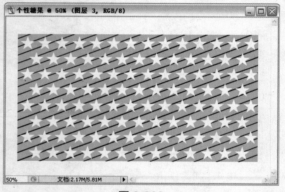

图 6-222

STEP 13 新建图层 4，选择椭圆选框工具，在图像窗口的中心位置创建一个椭圆选区，并填充为橙色（＃cc6633），如图 6-223 所示。然后将图层 4 的混合模式改为"颜色加深"，如图 6-224 所示。

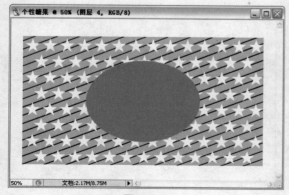

图 6-223

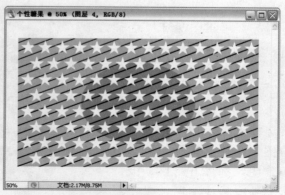

图 6-224

STEP 14 选择图层 1～图层4，按 Ctrl+G 快捷键，将这 4 个图层放在同一个图层组内，复制组 1，然后将复制的图层组合并为一个普通图层。完成后隐藏组 1，如图 6-225 所示。使用椭圆选框工具，在前面绘制的椭圆图形上创建一个椭圆选区，如图 6-226 所示。

图 6-225

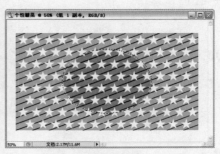
图 6-226

STEP 15 执行"滤镜>扭曲>球面化"命令，打开如图 6-227 所示的对话框，设置"数量"为 100，为糖果图像添加立体效果，如图 6-228 所示。

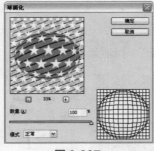
图 6-227

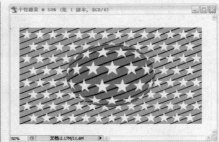
图 6-228

STEP 16 执行"滤镜>液化"命令，打开"液化"对话框，适当修改画笔的大小和压力，对图像进行拖曳处理，处理成糖果的外形，如图 6-229 和图 6-230 所示。

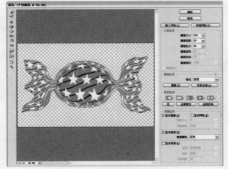
图 6-229

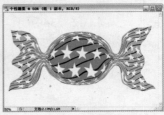
图 6-230

STEP 17 新建图层 5，使用魔棒工具选择糖果白色背景，然后反选选区得到糖果的外形选区，将图层 5 中填充为桃红色（# ff66cc），如图 6-231 所示。

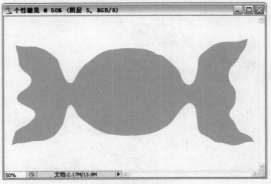
图 6-231

STEP 18 选择画笔工具，在属性栏中设置画笔的参数，设置前景色为深红色（＃7d0053），然后在糖果中有阴影的地方单击或涂抹，如图6-232所示。

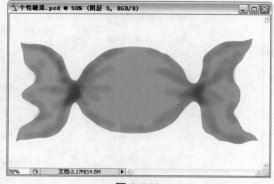

图 6-232

STEP 19 对图层5执行"滤镜>艺术效果>塑料包装"命令，适当设置参数，使糖果外衣具有真实的塑料效果，如图6-233所示。

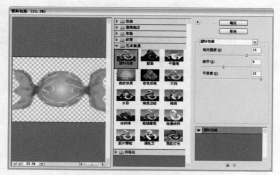

图 6-233

STEP 20 修改图层5的图层混合模式为"滤色"，糖果的完成效果如图6-234所示。

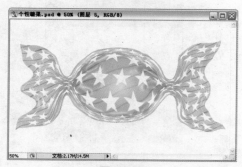

图 6-234

STEP 21 按Ctrl+Alt+S快捷键，将文件保存，这里存储为JPEG格式的文件，文件名为"糖果"，如图6-235所示。

图 6-235

STEP 22 新建一个图形文件，具体参数设置如图 6-236 所示。完成后打开步骤 21 存储的"糖果.jpg"文件，然后将糖果文件拖曳到新创建的图像文件中，如图 6-237 所示。

图 6-236

图 6-237

STEP 23 新建一个图层组，将图层 1 拖曳到组内，然后适当调整糖果的大小和位置，如图 6-238 和图 6-239 所示。

图 6-238

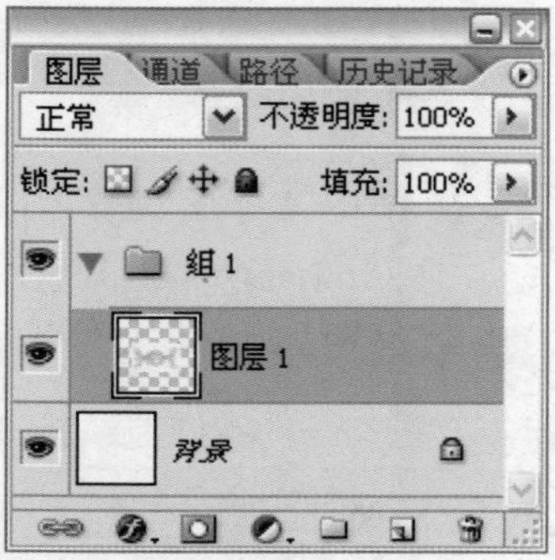

图 6-239

STEP 24 选择魔棒工具，在图层 1 中白色背景处单击，建立选区后按 Delete 键删掉多余的图像。然后依次复制多个糖果的副本文件，分别对复制图层按 Ctrl+U 快捷键，打开如图 6-240 所示的对话框，适当改变糖果的颜色，使糖果五颜六色，更漂亮，如图 6-241 所示。

图 6-240

图 6-241

STEP 25 在图层组的上层创建一个新的图层，使用椭圆选框工具，按住 Shift 键在图像窗口的中心位置创建一个正圆选区，然后执行"编辑>描边"命令，打开如图 6-242 所示的对话框，设置"宽度"为 10px，颜色为蓝色（#2b76ff），完成后保持选区，如图 6-243 所示。

图 6-242

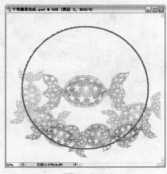

图 6-243

STEP 26 反选选区后，继续
在图层 2 中填充浅蓝色（＃
b5cfff）。然后为图层 2 应用
"投影"图层样式，参数和
完成效果如图 6-244 和 6-245
所示。

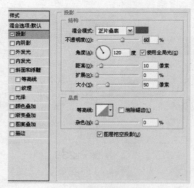

图 6-244　　　　　　　　　　　　　图 6-245

STEP 27 使用文字工具输入文字，其中输入 happy birthday 文字后，单击"文字变形"按
钮，打开如图 6-246 所示的对话框，进行扇形的文字处理，完成后应用"投影"图层样
式，参数设置如图 6-247 所示。最终效果如图 6-248 所示。

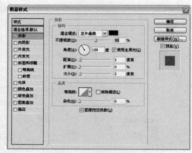

图 6-246　　　　　　　　　图 6-247　　　　　　　　　图 6-248

举一反三

📢 制作提示：

运用"塑料包装"滤镜还可以制作另外一种糖果的效果。首
先运用选框工具创建金鱼的外形；然后使用渐变工具对金鱼
进行渐变填充；接下来使用前面制作糖果包装的方法，绘制
金鱼的明暗关系；再运用"塑料包装"滤镜，适当调整参
数，即可让金鱼糖诞生。

💿 光盘路径：

CD\chapter6\ 个性糖果 \complete\ 举一反三.psd

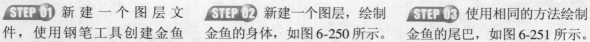

操作步骤

STEP 01 新建一个图层文件，使用钢笔工具创建金鱼的尾巴选区，并对选区填充渐变颜色，如图 6-249 所示。

图 6-249

STEP 02 新建一个图层，绘制金鱼的身体，如图 6-250 所示。

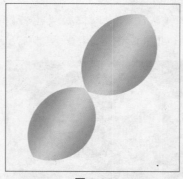

图 6-250

STEP 03 使用相同的方法绘制金鱼的尾巴，如图 6-251 所示。

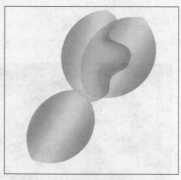

图 6-251

STEP 04 继续绘制金鱼的尾巴，如图 6-252 所示。

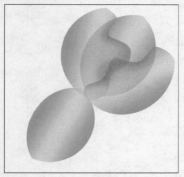

图 6-252

STEP 05 绘制金鱼的鱼鳍，如图 6-253 所示。

图 6-253

STEP 06 使用相同的方法绘制金鱼的眼睛，如图 6-254 所示。

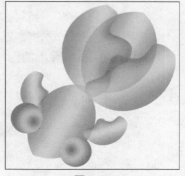

图 6-254

STEP 07 新建一个图层，对金鱼重新填充红色。然后使用画笔工具沿金鱼的轮廓和鱼鳞的位置涂抹，如图 6-255 所示。

图 6-255

STEP 08 对新图层应用"塑料包装"滤镜，完成后将图层模式修改为"强光"，增强金鱼的糖果效果，如图 6-256 所示。

图 6-256

功能技巧归纳

1. "球面化"滤镜可以将选区图像进行扭曲变形，产生用透视镜观看图像的效果。在"球面化"对话框中，"数量"用于控制球面变形是凸起（正值）还是凹陷（负值）。"模式"下拉列表有 3 种扭曲变形的方式。

"球面化"滤镜用于制作一些气泡图像、球体效果比较好。对如图 6-257 所示的图像使用"球面化"滤镜，凸起凹陷的效果如图 6-258 和图 6-259 所示。

图 6-257

图 6-258

图 6-259

2. "塑料包装"滤镜通过在图像上覆盖一层灰色薄膜，并在较大物体的周围产生白色的高亮色带，使图像有一种凹凸不平的塑料包装膜效果。

在"塑料包装"对话框中，"高光强度"用于控制塑料效果高亮色的亮度；"细节"用于控制塑料包装分布的复杂程度；"平滑度"用于控制凹凸效果的光滑程度。

对如图 6-260 所示的图像使用"塑料包装"滤镜，得到如图 6-261 所示的效果，

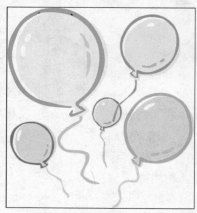
图 6-260

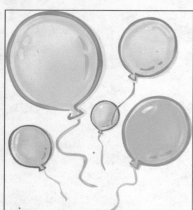
图 6-261

35 燃烧效果

燃烧效果经常出现在平面设计中，逼真的燃烧效果可以使作品增色不少，但是"逼真"却是一个瓶颈，本实例介绍一种简单且效果不错的方法，一起来试试吧。

重要功能： 画笔工具、"投影"图层样式、"创建剪贴蒙版"命令、图层混合模式、"色相/饱和度"命令

光盘路径： CD\chapter6\燃烧效果\complete\燃烧效果.psd

操作步骤

STEP 01 按 Ctrl+N 快捷键，打开"新建"对话框，设置"名称"为"燃烧效果"，具体参数设置如图 6-262 所示，完成后单击"确定"按钮，创建一个新的图形文件。

图 6-262

STEP 02 新建图层 1，并将图层重新命名为"纸"，然后单击"图层"面板底部的"添加图层蒙版"按钮，为图层添加图层蒙版，如图 6-263 所示。单击套索工具 ，在图像窗口中创建如图 6-264 所示的选区。

图 6-263

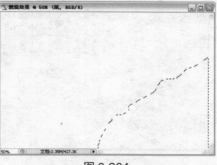

图 6-264

STEP 03 保持选区，在蒙版
中填充黑色。然后对蒙版执
行"滤镜>画笔描边>喷溅"
命令，打开如图 6-265 所示的
对话框，设置"喷色半径"
和"平滑度"都为 10，完成
后使纸的边缘形成比较自然的
撕边效果。

图 6-265

STEP 04 因为是在图层蒙版
中执行命令，背景图像是白
色的不便观察效果，这里对
"纸"图层应用"投影"图
层样式，这样可以观察到纸
的撕边效果，如图 6-266 和图
6-267 所示。

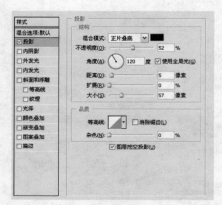

图 6-266

图 6-267

STEP 05 下面对纸进行燃烧的
纹理处理，在"纸"图层的
上层新建一个图层。按
Alt+Ctrl+G 快捷键，使图层 1
成为"纸"图层的剪贴蒙版图
层，以便接下来绘制的图形会
受"纸"图层的蒙版的影响，
可以去掉多余的图像，还可以
让操作简便化。然后选择画笔
工具 ，参照图 6-268 设置画笔
的参数，确定前景色为黑色
后，在图层 1 中沿纸的边缘涂
抹，如图 6-269 所示。

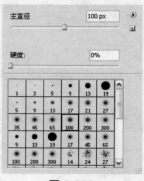

图 6-268

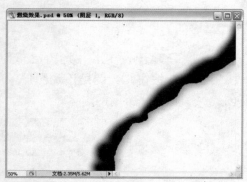

图 6-269

STEP 06 新建图层2，同样对图层2按 **Alt+Ctrl+G** 快捷键，然后设置前景色为黄色（#d2a556），使用画笔工具在步骤5绘制的黑色边上涂抹，如图 6-270 所示。

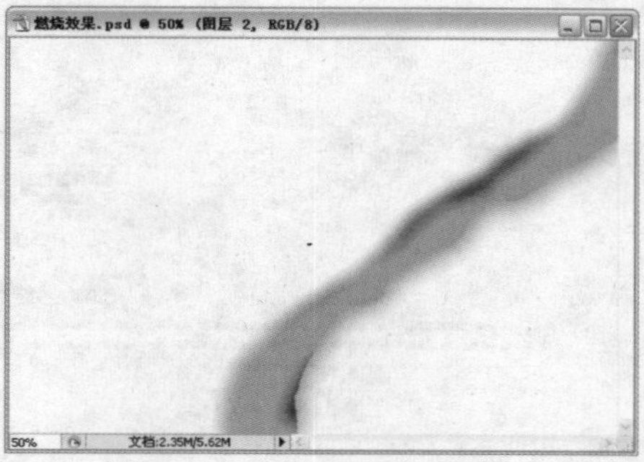

图 6-270

STEP 07 修改图层2的混合模式为"颜色减淡"，观察图像窗口，得到燃烧效果，如图 6-271 所示。

图 6-271

STEP 08 当然这样还没有完成最终的效果。打开本书配套光盘中chapter 6\燃烧效果\media\报纸.jpg 文件，如图 6-272 所示。使用移动工具 将报纸拖曳到"燃烧效果.psd"文件中，并适当调整报纸的大小和角度，如图 6-273 所示。

图 6-272

图 6-273

STEP 09 同样对图层3 按 **Alt+Ctrl+G** 快捷键，下面对报纸图像进行颜色处理。按 **Ctrl+Shift+U** 快捷键，对报纸进行去色处理，如图 6-274 所示。按 **Ctrl+U** 键，打开如图 6-275 所示的对话框，适当调整报纸的颜色，注意要选择"着色"复选框，否则图像没有效果。使报纸有点怀旧的效果，如图 6-276 所示。

图 6-274

图 6-275

图 6-276

STEP 10 修改图层3的图层混合模式为"正片叠底",然后给图层3添加一个图层蒙版。选择画笔工具,在属性栏中设置"不透明度"为60%,对燃烧的边缘中有字的地方进行适当的涂抹,使报纸与燃烧效果衔接更自然,如图6-277和图6-278所示。

图 6-277

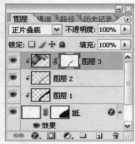

图 6-278

STEP 11 下面为图像添加装饰物。打开本书配套光盘中chapter6\燃烧效果\media\车.jpg 文件,如图6-279所示。使用移动工具将报纸拖曳到"燃烧效果.psd"文件中,并适当调整报纸的大小和角度,如图6-280所示。

图 6-279

图 6-280

STEP 12 使用套索工具沿汽车的周围创建选区,如图6-281所示,然后按Ctrl+Shift+U快捷键,对选区内的图像进行去色处理,完成后取消选区。最后还可以适当调整大小,让留白多一点,增加空间感,如图6-282所示。

图 6-281

图 6-282

制作提示：

燃烧效果可以应用到很多效果中，这里制作被烧的旧照片效果，其方法和前面的制作方法都相同，主要通过蒙版和创建剪贴蒙版来巧妙制作燃烧效果。为了表现旧照片的风格，可以对照片进行调色，再应用"添加杂色"滤镜，使旧照片的破旧效果更明显。

光盘路径：

CD\chapter6\ 燃烧效果 \complete\ 举一反三.psd

操作步骤

STEP 01 新建一个图像文件，并对背景图层填充灰色，如图 6-283 所示。

STEP 02 打开需要的素材图像，如图 6-284 所示。

图 6-283

图 6-284

STEP 03 将素材文件拖曳到步骤 1 创建的图像文件中，并适当调整大小、色调。然后为图像添加边框，制作出旧照片的效果，如图 6-285 所示。

STEP 04 为图像添加一个图层蒙版，在蒙版中进行涂抹，制作出照片缺边的效果，如图 6-286 所示。

图 6-285

图 6-286

STEP 05 使用画笔工具，在照片缺边的边缘处涂抹，并对图层应用"创建剪贴蒙版"命令，得到如图 6-287 所示的效果。

STEP 06 使用画笔工具对边缘涂抹黄色，并修改图层混合模式为"颜色减淡"，使燃烧的效果更真实，如图 6-288 所示。

图 6-287

图 6-288

功能技巧归纳

剪贴蒙版图层是一个非常好用的命令。可以使用图层的内容来盖住它上面的图层，底部或基底图层的透明像素盖住它上面的图层（属于剪贴蒙版）的内容。

例如，一个图层上可能有某个形状，上层图层中可能有纹理，而最上面的图层中可能有文本。如果将这 3 个图层都定义为剪贴蒙版，则纹理和文本只通过基底图层上的形状显示，并具有基底图层的不透明度。

这里需要注意的是，剪贴蒙版中只能包括连续图层。蒙版中的基底图层名称带下划线，上层图层的缩略图是缩进的。另外，重叠图层显示剪贴蒙版图标。

对如图 6-289 所示的图像新建图层，并使用黑色画笔在边缘上涂抹，可以发现左边的撕边效果也受到了影响，如图 6-290 所示。

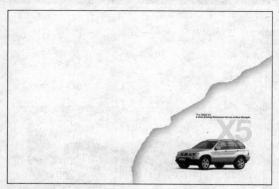

图 6-289

图 6-290

对新建图层按 Ctrl+Alt+G 快捷键，为图层创建剪贴蒙版，使撕边效果不受影响，如图 6-291 和图 6-292 所示。

图 6-291

图 6-292

对新建图层按 Ctrl+Alt+G 快捷键，为图层创建剪贴蒙版，使撕边效果不受影响，燃烧效果和"图层"面板如图 6-293 和图 6-294 所示。

图 6-293

图 6-294

36 烟雾效果

"禁止吸烟"的图形符号在很多地方都可以看到，我们以图形化的元素制作"禁止吸烟"的招贴，方法简单且效果直观，重点表现出烟雾的飘渺效果。

重要功能：文文字工具、"动感模糊"滤镜、"波浪"滤镜、渐变工具、"云彩"滤镜、"杂色"滤镜、画笔工具、蒙版

光盘路径： CD\chapter6\烟雾效果\complete\烟雾效果.psd

操作步骤

STEP 01 按 Ctrl+N 快捷键，打开"新建"对话框，设置"名称"为"烟雾效果"，具体参数设置如图 6-295 所示，完成后单击"确定"按钮，创建一个新的图形文件。然后对背景图层填充黑色，如图 6-296 所示。

图 6-295

图 6-296

STEP 02 单击文字工具 T，设置前景色为黑色，然后在图像窗口的中心位置输入 smoke 。完成后对文字图层进行删格化处理，如图 6-297 和图 6-298 所示。

图 6-297

图 6-298

STEP 03 对文字图层执行"滤镜>模糊>动感模糊"命令，参考图 6-299 设置参数，对文字进行模糊处理。以便下一步制作烟雾的效果，如图 6-300 所示。

图 6-299

图 6-300

STEP 04 继续对该图层执行
"滤镜>扭曲>波浪"，参照
图 6-301 适当设置参数，这里
的波浪形状有点随机化，如果
对变形的效果不是很满意，可
以单击"随机化"按钮来调
整，如图 6-302 所示。

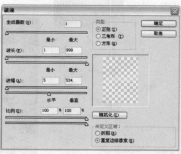

图 6-301

图 6-302

STEP 05 复制一个 smoke 图
层，重新使用"波浪"命令
进行变形。还可以在上一步未
变形之前复制，然后再应用
"波浪"命令，方法可以二选
一，只要波浪的形状自然就好
了。完成后分别对两个图层按
下 **Ctrl+T** 快捷键，调整烟雾的
大小和形状，以及位置。如图
6-303 和图 6-304 所示。

图 6-303

图 6-304

STEP 06 同时选择 smoke 图层
及副本图层，然后按下 **Ctrl+G**
快捷键，将两个图层组合在一
个图层组中，并对图层组重新
命名为 smoke，如图 6-305 所
示。下面创建烟效果。新建
一个图层，使用矩形选框工具
在图像窗口中创建一个矩形选
区，如图 6-306 所示。

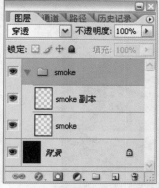

图 6-305

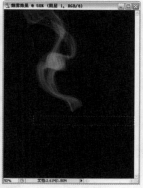

图 6-306

STEP 07 单击渐变工具 ，
打开如图 6-307 所示的对话
框，设置渐变的颜色，利用
颜色的深浅变化来表现立体的
烟，然后对选区从上到下进
行线性渐变填充，完成后取
消选区，如图 6-308 所示。

图 6-307

图 6-308

STEP 08 新建图层 2，设置前景色为 # c98900，背景色为 # f9d65c，然后执行"滤镜>渲染>云彩"命令，效果如图6-309 所示。然后按 Ctrl+T 快捷键，调整图像的大小，并放置在烟头位置，制作过滤嘴的效果，如图 6-310 所示。

图 6-309　　　　　　图 6-310

STEP 09 对图层2按Ctrl+Alt+G快捷键，对该图层创建剪贴蒙版，完成后修改图层 2 的图层混合模式为"正片叠底"，使过滤嘴有立体感，如图 6-311 和图 6-312 所示。

图 6-311　　　　　　图 6-312

STEP 10 接下来调整过滤嘴的金线，使用矩形选框工具在过滤嘴的左边创建一个选区，如图 6-313 所示。

图 6-313

STEP 11 执行"图像>调整>亮度/对比度"命令，打开如图 6-314 所示的对话框，调整亮度和对比度，使选区内的图像呈金色，完成后取消选区，如图 6-315 所示。

图 6-314　　　　　　图 6-315

STEP 12 下面制作烟的燃烧效果。新建图层3，使用矩形选框工具在烟头位置创建一个选区，并对选区填充白色，如图6-316所示。

图6-316

STEP 13 执行"滤镜>杂色>添加杂色"命令，打开如图6-317所示的对话框，设置参数后，为烟头制作燃烧的效果，如图6-318所示。

图6-317　　　　图6-318

STEP 14 对图层3按Ctrl+Alt+G快捷键，为该图层创建剪贴蒙版，完成后修改图层3的图层混合模式为"正片叠底"，使燃烧的烟灰有立体感，如图6-319和图6-320所示。

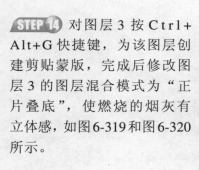

图6-319　　　　图6-320

STEP 15 为了使烟灰的颜色更真实，可以单击魔棒工具，在属性栏中设置"容差"为20，取消选择"连续"复选框，然后在烟灰的白色图像中单击，即可创建选区，如图6-321所示，然后对选区填充灰色（# b1b1b1）。完成后取消选区，如图6-322所示。

图6-321　　　　图6-322

STEP 16 新建图层4，设置前景色为红色（＃f90466），背景色为黄色（＃f67e00）。选择画笔工具，参照图6-323设置画笔的大小和笔刷，在烟灰的位置单击，单击时可随意切换前景色和背景色，使烟头燃烧的效果更自然，如图6-324所示。

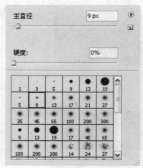

图 6-323

图 6-324

STEP 17 对图层4按Ctrl+Alt+G快捷键，为该图层创建剪贴蒙版，完成后修改图层4的图层混合模式为"叠加"，使燃烧效果更真实。如图6-325所示。同时选择图层1～图层4，按Ctrl+G快捷键，将4个图层组合在一个图层组内，并将图层组重新命名为"烟"，如图6-326所示。

图 6-325

图 6-326

STEP 18 新建一个图层，并重新命名为"禁止"。单击自定形状工具，在属性栏上选择"禁止"符号，如图6-327所示。然后在图像窗口中绘制一个路径，按Ctrl+T快捷键，适当旋转路径的角度，如图6-328所示。完成后按Enter键，此时的"图层"面板如图6-329所示。

图 6-327

图 6-328

图 6-329

STEP 19 按Ctrl+Enter快捷键将路径转换为选区，然后对选区填充白色，并修改图层的"不透明度"为17％，如图6-330和图6-331所示。

图 6-330

图 6-331

STEP 20 整个图像的基本元素已经完成了，接下来需要调整版面的一些细节。如香烟的角度和大小，以及烟雾的位置等，如图 6-332 和图 6-333 所示。

图 6-332

图 6-333

STEP 21 下面为烟雾图像添加蒙版，使烟雾与香烟更自然地结合。选择 smoke 图层组，单击"添加矢量蒙版"按钮。设置前景色为黑色，使用渐变工具及从前景到透明的渐变样式，在蒙版中对烟雾进行渐变处理，遮盖多余的图像，如图 6-334 和图 6-335 所示。

图 6-334

图 6-335

STEP 22 为"禁止"图层添加一个图层蒙版，然后使用渐变工具，选择从前景到透明的渐变样式，对蒙版进行从下到上的渐变填充，使"禁止"图像的下端比较模糊，如图 6-336 和图 6-337 所示。

图 6-336

图 6-337

STEP 23 最后为图像添加文字，使图像画面更完整，这个禁止吸烟招贴制作完成，如图 6-338 和图 6-339 所示。

图 6-338

图 6-339

举一反三 👆

🖱 **制作提示：**

烟雾效果可以应用到很多地方，制作一杯热气腾腾的咖啡图像，一阵暖意油然而生，结合烟雾效果，可以达到很好的效果。首先使用渐变工具制作黑色背景，适当加入咖啡杯的元素后，复制前面制作好的烟雾效果，运用"变形"命令进行变形处理，使烟雾的形状更自然。最后适当加入一些文字，起到画龙点睛的效果。

💿 **光盘路径：**

CD\chapter6\ 烟雾效果 \complete\ 举一反三.psd

操作步骤

STEP 01 新建一个图像文件，并对背景图层进行黑白渐变填充，如图 6-340 所示。

STEP 02 将"杯子"素材文件拖曳到图像文件中，如图 6-341 所示。

STEP 03 对杯子图层创建蒙版，修改杯子的阴影，如图 6-342 所示。

图 6-340

图 6-341

图 6-342

STEP 04 使用前面介绍的方法制作杯子的烟雾效果。可以复制前面制作好的烟雾效果，并修改形状，如图 6-343 所示。

STEP 05 适当复制烟雾，并修改形状，使烟雾效果更真实，如图 6-344 所示。

STEP 06 新建一个图层，并应用"创建剪贴蒙版"命令，使背景的阴影感更自然，如图 6-345 所示。

图 6-343

图 6-344

图 6-345

STEP 07 使用文字工具为图像添加文字，如图 6-346 所示。

STEP 08 在烟雾的中间适当添加文字，并对文字应用"高斯模糊"滤镜，效果如图 6-347 所示。

图 6-346

图 6-347

功能技巧归纳

　　"动感模糊"滤镜模拟拍摄运动物体时，物体根据运动方向产生的模糊影像效果。"动感模糊"滤镜将图像像素沿特定方向进行运动进行线性模糊。

　　在"动感模糊"对话框中，"角度"用于控制运动模糊的方向。"距离"用于控制运用模糊的强度，值越大模糊效果越明显。对如图 6-348 所示的图像运用"动感模糊"滤镜，效果如图 6-349 所示。

图 6-348

图 6-349

37 彩块化效果

蝴蝶翩翩飞的美景在春天比较常见，利用简单的滤镜，就可以制作出风格别致的蝴蝶图像，为春天留下一抹精彩的回忆。

重要功能："云彩"滤镜、"染色玻璃"滤镜、渐变工具、"色相/饱和度"命令、图层混合模式、文字工具。

光盘路径：CD\chapter6\彩块化效果\complete\彩块化效果.psd

操作步骤

STEP 01 按Ctrl+N快捷键，打开"新建"对话框，设置"名称"为"彩块化效果"，具体参数设置如图6-350所示，完成后单击"确定"按钮，创建一个新的图形文件。

图 6-350

STEP 02 新建图层1，然后选择自定形状工具，在"形状"下拉面板选择"蝴蝶"形状，并在图像窗口中绘制。如图6-351和图6-352所示。

图 6-351

图 6-352

STEP 03 按D键恢复黑白默认颜色，然后按Ctrl+Enter快捷键将路径转换为选区，如图6-353所示。执行"滤镜>渲染>云彩"命令，效果如图6-354所示。完成后取消选区。

图 6-353

图 6-354

STEP 04 完成后单击工具栏中的"切换前景色和背景色"箭头图标，切换前景色和背景色。对图层1执行"滤镜>纹理>染色玻璃"命令，打开如图6-355所示的对话框，适当调整参数后，蝴蝶图像产生了纹理效果，如图6-356所示。

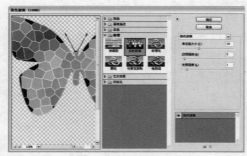

图 6-355

图 6-356

STEP 05 新建图层2，选择渐变工具，单击属性栏中渐变颜色条右侧的下拉按钮，在打开的下拉面板中选择红色的渐变样式，如图6-357所示。然后在图层2中载入图层1的图像选区，使用渐变工具对选区的左上角到右下角进行线性渐变填充，如图6-358所示。

图 6-357

图 6-358

STEP 06 修改图层2的图层混合模式为"线性减淡"，观察图像窗口中的蝴蝶图像，颜色偏淡，如图6-359所示。复制图层1，然后隐藏图层1。在复制图层上操作，以便调整其他蝴蝶的颜色。

图 6-359

STEP 07 单击加深工具，在属性栏上选择画笔并设置其他参数，如图6-260所示。完成后在"图层1副本"图层中单击，加深蝴蝶的颜色。同样，还可以使用减淡工具，渐淡蝴蝶的颜色，如图6-361和图6-362所示，使蝴蝶图像更有层次感。

图 6-360

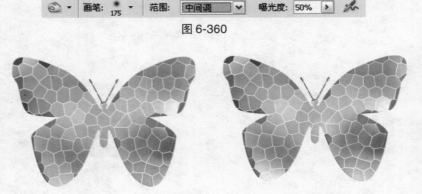

图 6-361

图 6-362

STEP 08 微调蝴蝶图像的细节。单击魔棒工具，在属性栏上设置"容差"为50，选择"连续"复选框，选择"图层1 副本"图层，选择一个格子填充白色，删掉一些蝴蝶边缘的格子，使蝴蝶的形状和颜色富有变化，如图 6-363 所示。

图 6-363

STEP 09 载入"图层1 副本"图层的选区，按Ctrl+Shift+I快捷键反选选区。切换到图层2中，按 Delete 键删除图像。完成后按 Ctrl+E 快捷键，将"图层2"和"图层1 副本"合并为一个图层，如图 6-364 和图 6-365 所示。

图 6-364

图 6-365

STEP 10 下面制作另一只不同颜色的蝴蝶。调整"图层1 副本"中图像的位置，不要与图层1重叠，显示图层1。新建图层2，载入图层1的选区后在图层2中进行渐变填充。渐变颜色为蓝色（＃13b4ff）到绿色（＃148d00）。渐变方向从蝴蝶的中心向任意一个翅膀的方向都可以，如图 6-366 所示。

图 6-366

STEP 11 修改图层2的混合模式为"颜色"，然后删掉一些格子，对一些格子填充白色，完成后将图层2和图层1合并为一个图层，如图 6-367 所示。

图 6-367

STEP 12 蝴蝶制作完成后，下面制作背景图像。在背景图层的上层新建一个图层2。设置前景色为白色，背景色为淡黄色（＃ffeeac），然后对图层2执行"滤镜>渲染>云彩"命令，如图6-368所示。这里为了观察效果，隐藏图层1和图层1副本。

图 6-368

STEP 13 对图层2执行"滤镜>纹理>染色玻璃"命令，打开如图6-369所示的对话框，修改"单元格大小"为25，"边框粗细"为5，效果如图6-370所示。

图 6-369

图 6-370

STEP 14 下面对背景图像进行适当的微调。使用多边形套索工具随意框选某部分图像创建选区，对选区进行羽化处理，"羽化半径"设置为50px，如图6-371所示。

图 6-371

STEP 15 利用"色相/饱和度"命令来调整图像的颜色，使背景图像的颜色更有层次感。如图6-372和图6-373所示。

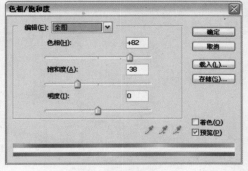

图 6-372

图 6-373

287

STEP 16 显示蝴蝶图像，复制两个蝴蝶，并适当调整大小和位置，如图 6-374 所示。

STEP 17 蝴蝶调整完成后，适当为图像添加文字，使图像效果更完整，如图 6-375 所示。完成后对文字进行删格化处理。

图 6-374

图 6-375

举一反三

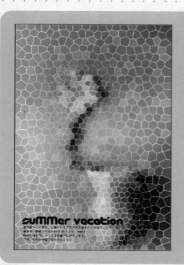

制作提示：

"染色玻璃"滤镜可以制作一些背景图像，效果颇显艺术性。这里首先使用套索工具选择图像中花和花瓶图像，适当进行羽化处理后，使用"染色玻璃"滤镜处理图像，这里设置小一点儿的"单元格大小"，使图像的细节保存得完整。然后反选选区，对背景图像应用"染色玻璃"滤镜，这时就可以设置大一点儿的"单元格大小"，使背景图像有主次、粗细、大小之分。最后使用减淡工具调整背景的明暗关系，使图像更有层次感。

光盘路径：

CD\chapter6\ 彩块化效果 \complete\ 举一反三.psd

操作步骤

STEP 01 打开需要处理的图像文件，如图 6-376 所示。

STEP 02 使用套索工具沿花瓶的边缘创建选区，完成后将选区羽化 20px，如图 6-377 所示。

图 6-376

图 6-377

STEP 03 对选区内的图像应用"染色玻璃"滤镜，这时的单元格较小一点儿，以便保留更多的图像细节，如图 6-378 所示。

STEP 04 反选选区，再对选区内的图像应用"染色玻璃"滤镜，这时的单元格较大一点，以便区别背景图像和主题图像，如图 6-379 所示。

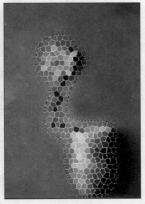

图 6-378

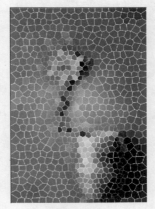

图 6-379

STEP 05 使用减淡工具和加深工具对图像进行涂抹，增强图像的对比效果，如图 6-380 所示。

STEP 06 最后使用文字工具为图像添加文字，使图像效果更丰富，如图 6-381 所示。

图 6-380

图 6-381

  Photoshop 中有很多效果调整工具，例如加深工具、减淡工具、海绵工具，可以为图像进行微调，使效果增强。

  减淡工具 可以为图像加强曝光度，就是使图像亮起来。单击该工具，属性栏中有几项参数需要根据操作需要来调整。在"范围"下拉列表中选择需要调整图像的暗调、中间调还是高光区。"曝光度"中设置曝光度的强度，值越大，效果就越强烈。

  加深工具的应用原理和减淡工具类似，与减淡工具的效果正好相反。对如图 6-382 所示的图像分别使用减淡工具和加深工具调整图像的整体效果，如图 6-383 和图 6-384 所示。

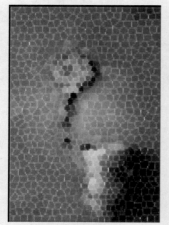

图 6-382

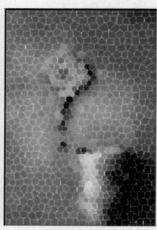

图 6-383

图 6-384

38 个性牛仔布

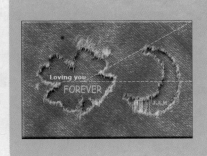

流行一时的乞丐牛仔裤，成为年轻人的新宠儿。运用画笔工具可以制作出逼真的磨边效果，再配上适当的文字和装饰线条，让您的牛仔布独具一格。

重要功能："云彩"滤镜、"喷溅"滤镜、"色相/饱和度"命令、画笔工具、"斜面和浮雕"图层样式

光盘路径：　CD\chapter6\个性牛仔布\complete\个性牛仔布.psd

操作步骤

STEP 01 按下Ctrl+O快捷键，打开"打开"对话框，选择本书配套光盘中chapter6\media\牛仔布.jpg文件，如图6-385所示。

图 6-385

STEP 02 新建图层1，设置前景色为蓝色（＃3366ff），背景色为白色，然后执行"滤镜>渲染>云彩"命令，效果如图6-386所示。完成后修改图层1的混合模式为"正片叠底"，效果如图6-387所示。

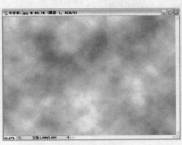

图 6-386

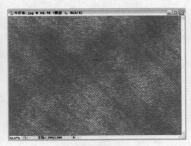

图 6-387

STEP 03 同时选择背景图层和图层1，然后一起复制，如图6-388所示。完成后合并这两个复制图层，并命名为"牛仔布"，如图6-389所示。

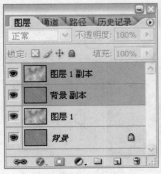

图 6-388

图 6-389

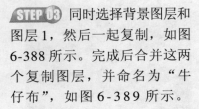

STEP 04 双击"牛仔布"图层,打开"图层样式"对话框,修改"斜面和浮雕"和"投影"图层样式参数,如图 6-390 和图 6-391 所示,效果如图 6-392 所示。

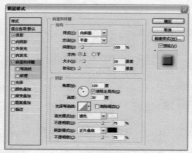

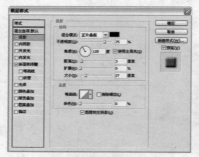

图 6-390　　　　　　　　图 6-391　　　　　　　　图 6-392

STEP 05 为"牛仔布"图层添加一个图层蒙版。然后单击自定形状工具,在"形状"下拉面板中选择两个形状路径,在图像窗口中绘制,如图 6-393 所示。

图 6-393

STEP 06 按 Ctrl+Enter 键将路径转换为选区后,对蒙版填充黑色,如图 6-394 和图 6-395 所示。

图 6-394　　　　　　　　图 6-395

STEP 07 保持蒙版的编辑状态,执行"滤镜>画笔描边>喷溅"命令,打开如图 6-396 所示的对话框,设置参数后,让边缘自然一点儿,如图 6-397 所示。

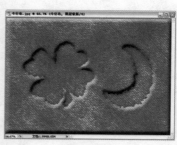

图 6-396

图 6-397

STEP 08 选择图层 1，执行"图层>新建调整图层>色相/饱和度"命令，打开"新建图层"对话框，保持参数单击"确定"按钮，打开"色相/饱和度"对话框，修改图层的颜色，如图 6-398 所示。效果如图 6-399 所示。

图 6-398

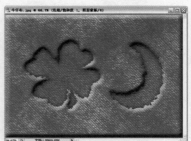

图 6-399

STEP 09 下面制作牛仔的毛边效果。新建一个图层 2，设置前景色为浅蓝色（# c8c7ee），选择画笔工具，在属性栏中选择如图 6-400 所示的笔刷。然后在图像窗口中绘制，效果如图 6-401 所示。

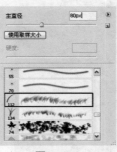

图 6-400

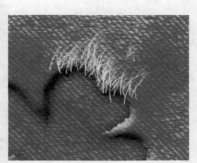

图 6-401

STEP 09 适当缩放画笔大小，先沿镂空的花纹边缘绘制毛边，必要时还可以选择如图 6-402 所示的笔刷来绘制。

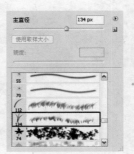

图 6-402

STEP 10 根据方向的不同，还可以单击属性栏右上角的"画笔"面板，调整画笔的方向，如图 6-403 所示，图像窗口中的效果如图 6-404 所示。

图 6-403

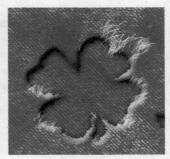

图 6-404

STEP 11 双击图层 2，对该图层应用"斜面和浮雕"图层样式，参照图 6-405 设置参数，增加毛边的立体感，如图 6-406 所示。

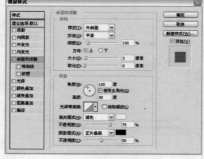
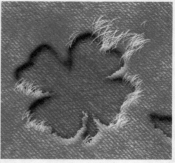

图 6-405　　　　　　图 6-406

STEP 12 可以多创建几个图层，分别在各图层中创建毛边效果，以便进行修改。如图 6-407 和图 6-408 所示。

图 6-407　　　　　　图 6-408

STEP 13 下面绘制月亮形状的毛边效果，方法都一样，同样应用"斜面和浮雕"图层样式。先对边缘进行磨边处理，如图 6-409 和图 410 所示。

图 6-409　　　　　　图 6-410

STEP 14 新建图层 6，选择画笔工具，选择如图 6-411 所示的画笔大小，然后在月亮底部绘制线条，可以按住 Shift 键绘制直线。同样应用"斜面和浮雕"图层样式。如果觉得线条不自然，还可以选择模糊工具，适当模糊线条边缘，效果如图 6-412 所示。

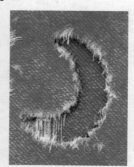

图 6-411　　　　　　图 6-412

STEP 15 使用文字工具输入装饰性文字，使图像效果更丰富，如图 6-413 所示。完成后将文字删格化处理，此时的"图层"面板如图 6-414 所示。

图 6-413   图 6-414

STEP 16 选择文字工具，连续按键盘上的"-"符号，绘制虚线，得到装饰图像的整体效果。完成后对文字图层栅格化处理，再复制一条虚线，适当旋转角度，完成个性牛仔布的制作。效果如图 6-415 所示，此时的"图层"面板如图 6-416 所示。

图 6-415   图 6-416

制作提示：
前面已经制作了个性的牛仔布，现在可以活学活用，对自己的牛仔裤大显身手了。选择一块适合的牛仔布非常重要；接下来为牛仔裤的个性花纹选择形状，这里选择心形；然后为边缘制作毛边的效果。为了区别上下层的颜色，我们应用新建调整图层中的"色相/饱和度"命令来调整。最后加上一些文字就完成了。

光盘路径：
CD\chapter6\个性牛仔布\complete\举一反三.psd

操作步骤

STEP 01 打开需要处理的图像文件，如图 6-417 所示。

STEP 02 创建一个心形的图像选区，如图 6-418 所示。

STEP 03 在牛仔裤图层中删掉心形选区内的图像，如图 6-419 所示。

图 6-417

图 6-418

图 6-419

STEP 04 在牛仔裤图层的下层创建一个牛仔布的图层，并调整颜色为红色，如图 6-420 所示。

STEP 05 使用画笔工具，为心形边缘进行单击、涂抹，制作磨边效果，如图 6-421 所示。

STEP 06 继续使用画笔工具为边缘添加磨边效果，如图 6-422 所示。

图 6-420

图 6-421

图 6-422

STEP 07 继续使用画笔工具为边缘完善磨边效果，如图 6-423 所示。

STEP 08 最后为图像添加文字效果，如图 6-424 所示。

图 6-423

图 6-424

运用"斜面和浮雕"图层样式，可以在图层图像上产生多种立体效果，是常用的一种图像处理方法，用"斜面和浮雕"图层样式制作一些文字立体、图像立体效果很好，再配合投影图层样式，可以将立体效果表现得更完全。

双击需要添加"斜面和浮雕"图层样式的图层，打开"图层样式"对话框，如图 6-425所示，其中有多种选项，用于控制"斜面和浮雕"的效果。

样式：在"样式"下拉列表中有 5 种浮雕效果：外斜面、内斜面、浮雕效果、枕状浮

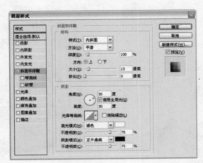

图 6-425

雕、描边浮雕。根据需要选择适合设计的浮雕效果，如图 6-426 所示为几种不同的浮雕效果。

方法：在"方法"下拉列表中有 3 种方式：平滑、雕刻清晰和雕刻柔和，主要用于表现浮雕的轮廓是否清晰和平滑。

方向、大小：用于控制浮雕的方向和大小等。值越大，浮雕效果越强，但不是值越大，浮雕效果就越真实，这需要根据图像来调节。

"斜面和浮雕"效果还集成了"等高线"和"纹理"面板。"等高线"主要用于控制

内斜面

浮雕效果

枕状浮雕

图 6-426

斜面的等高线样式，如图 6-427 所示。"纹理" 可设置图案、图案缩放大小、深度和反相等，各种不同的纹理效果如图 6-428 所示。

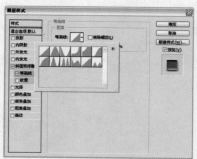
调整等高线

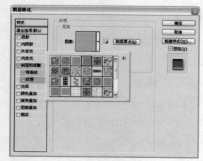
应用纹理

图 6-427

图 6-428

Chapter 7　网络时尚特效

网络盛行的今天，网络总及时给我们带来各种信息，其中有很多时尚的元素。网络资源有限，所以要求我们在制作网络的一些设计元素时，文件大小需要小一些，这样运行的速度也会快一点。本章收录了很多像素化为主的网络时尚特效，运用简单的制作方法就可以完成个性时尚的作品。

39 网页按钮效果

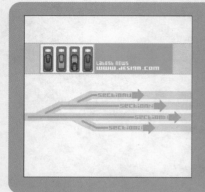

网络元素的多原化，诞生了很多绚丽丰富的网页。网页按钮也是其中一个主要元素。想制作出简单个性化的网页按钮吗？不妨来试试吧。

📢 **重要功能：** 矩形选框工具、画笔工具、"描边"命令、"填充"命令。

🔖 **光盘路径：** CD\chapter7\ 网页按钮效果 \complete\ 网页按钮.psd

操作步骤

STEP 01 按 Ctrl+N 快捷键，打开"新建"对话框，设置"名称"为"网页按钮"，具体参数设置如图 7-1 所示，完成后单击"确定"按钮，创建一个新的图形文件。

图 7-1

STEP 02 按 Ctrl+R 快捷键，显示标尺，确定标尺单位为"像素"，如图 7 - 2 所示。

图 7-2

STEP 03 放大图像到最大。新建图层 1，使用矩形选框工具 绘制一个"宽度"为 8px，"高度"为 19px 的矩形选区，完成后填充红色（# ff3300）。完成后取消选区，如图 7-3 和图 7-4 所示。

图 7-3

图 7-4

STEP 04 选择矩形选框工具 ，在属性栏的"样式"下拉列表框中选择"固定大小"，设置"宽度"和"高度"都为1px。单击 按钮，然后在上一步绘制的矩形的4个角处单击，创建选区，如图7-5所示。然后按Delete键删掉多余的图像，完成后取消选区，如图7-6所示。

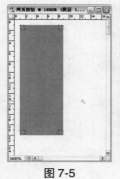
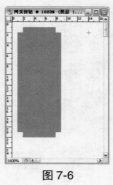

图7-5　　　　　　　图7-6

STEP 05 设置前景色为白色，选择矩形选框工具 ，设置"样式"为"正常"，在图像窗口创建一个"宽度"为8px，"高度"为2px的矩形选框，如图7-7所示。然后选择画笔工具 ，在属性栏上设置"不透明度"为25%，在选区内涂抹一次，如图7-8所示。

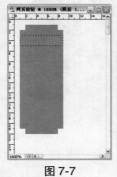
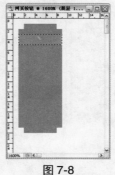

图7-7　　　　　　　图7-8

STEP 06 保持选区，选择矩形选框工具 ，并单击属性栏上的"新选区"按钮，然后将选区向下移动两个像素，如图7-9所示。使用画笔工具 ，在选区内涂抹两次，如图7-10所示。

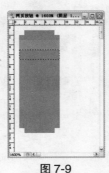
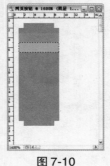

图7-9　　　　　　　图7-10

STEP 07 用与步骤5相同的方法，对其他各选区进行涂抹，根据颜色的深浅决定涂抹的次数，如图7-11和图7-12所示。完成后取消选区。

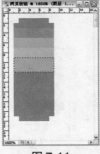
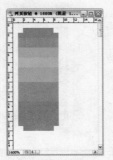

图7-11　　　　　　　图7-12

STEP 08 选择矩形选框工具 ▢，在图像的底部创建选区，完成后对选区填充深红色（＃990000），最后取消选区。如图7-13和图7-14所示。

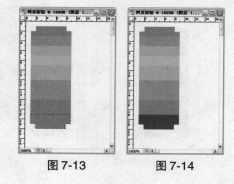

图 7-13　　　　图 7-14

STEP 09 新建图层2，使用矩形选框工具，创建一个"宽度"为4px，"高度"为10px的选区，如图7-15所示。完成后对选区填充红色（＃ff3300），如图7-16所示。

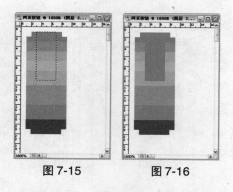

图 7-15　　　　图 7-16

STEP 10 使用矩形选框工具 ▢创建一个选区，如图7-17所示，单击属性栏上的"从选区减去"按钮▢，然后在图像选区创建一个选区，如图7-18所示。完成后使用画笔工具使用相同的设置参数和方法对选区进行涂抹，完成后取消选区，如图7-19所示。

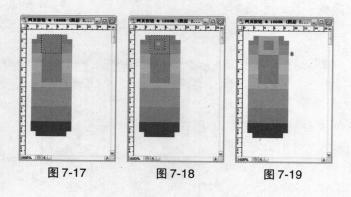

图 7-17　　　　图 7-18　　　　图 7-19

STEP 11 继续使用矩形选框工具▢创建一个选区，并填充深红色（＃990000），最后取消选区，如图7-20和图7-21所示。

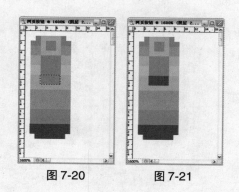

图 7-20　　　　图 7-21

STEP 12 使用"描边"命令，分别对图层 1 和图层 2 进行描边处理，设置"宽度"为 1 p x，颜色编号为 # 660000，如图 7-22 所示。完成后使用矩形选框工具在不需要的位置创建选区，并删掉多余的图像。或者直接使用矩形选框工具围绕图像边缘创建选区，然后进行填充。这两种方法的结果都一样，如图 7-23 和图 7-24 所示。

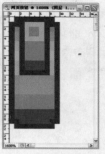

图 7-22

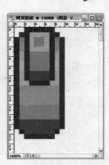

图 7-23　　　　图 7-24

STEP 13 复制图层 1 和图层 2，将复制图层移动到右边，如图 7-25 所示。选择"图层 2 副本"图层，执行"编辑>变换>垂直翻转"命令，完成后适当调整一下位置，得到如图 7-26 所示的效果。此时的"图层"面板如图 7-27 所示。

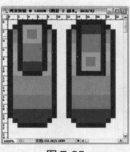

图 7-25

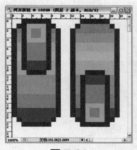

图 7-26

图 7-27

STEP 14 将图层 1 和图层 2 合并为一个图层，将"图层 1 副本"和"图层 2 副本"合并为一个图层，如图 7-28 所示。

图 7-28

STEP 15 复制图层 1，对复制图层按 Ctrl+U 快捷键，调整图像的颜色，如图 7-29 和图 7-30 所示。

图 7-29

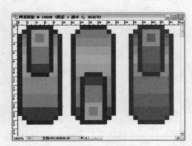

图 7-30

STEP 16 使用同样的方法，再复制两个图层，分别调整网页按钮的颜色，如图 7-31 所示。此时的"图层"面板如图 7-32 所示。

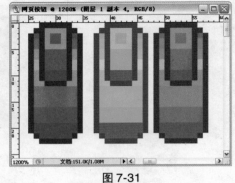

图 7-31 图 7-32

STEP 17 按钮创建完成后，需要制作其他装饰元素。新建一个图层，使用矩形选框工具 创建一个"宽度"为 12px，"高度"为 34px 的矩形选区，并对选区填充紫色（＃bc60ab）。然后进行描边处理，设置"宽度"为 1px，"颜色"为深紫色（＃a3278d），如图 7-33 所示。完成后删掉多余的图像，如图 7-34 所示。

图 7-33 图 7-34

STEP 18 参照图 7-35 使用矩形选框工具 创建选区并填充颜色，完成后复制 3 个图层 2，然后调整图像的位置，如图 7-36 所示。

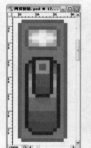
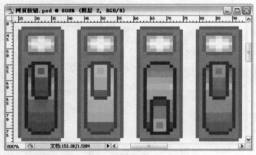

图 7-35 图 7-36

STEP 19 新建图层 3，参照图 7-37 使用矩形选框工具 创建矩形选区，并对选区填充浅橙色（＃f09c76）和黄色（＃fef59b）。完成后进行描边处理，"宽度"为 1px，"颜色"为粉红色（＃ed9ebe）。此时的"图层"面板如图 7-38 所示。

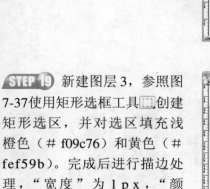

图 7-37 图 7-38

STEP 20 下面为图像添加适当的文字，因为网络图像的像素较低，如果使用文字工具输入文字，文字会比较模糊，在此可以巧妙运用矩形选框工具来完成，其方法类似前面的"个性十字绣"实例中的文字效果，如图 7-39 所示。如果想做出一个完美的效果，当然少不了耐心。此时的"图层"面板如图 7-40 所示。

图 7-39　　　　　　图 7-40

STEP 21 将文字的图层合并为一个图层，命名为"文字"。然后将按钮图像也合并成一个图层，命名为"按钮"，如图 7-41 所示。将图层 2 和图层 3 合并为一个图层，并命名为"背景图像"，以便简化图层上的操作，如图 7-42 所示。

图 7-41　　　　图 7-42

STEP 22 新建图层 4，使用矩形选框工具创建矩形选区，创建选区时一定要注意斜线部分，错开的大小"宽度"为 2px，"高度"为 1px，如图 7-43 所示。线条的"宽度"为 11px。完成后填充颜色为黄色（# fef59b），效果如图 7-44 所示。

图 7-43　　　　　　图 7-44

STEP 23 新建图层 5，参照图 7-45 绘制直线、英文字母和箭头图像，直线的高度为 3px，颜色为红色（# f09c76），完成网页按钮的制作。此时的"图层"面板如图 7-46 所示。

图 7-45　　　　　　图 7-46

举一反三

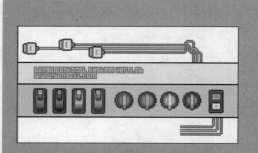

制作提示：

网页中的按钮效果是非常常见的，利用像素可以制作一些造型别致、时尚的按钮效果。在创建像素图像时技巧性不是很强，主要运用颜色的深浅变化来表现按钮的立体效果。主要运用选框工具，适当结合快捷键就可以完成了。

光盘路径：

CD\chapter7\ 网页按钮效果 \complete\ 举一反三.psd

操作步骤

STEP 01 新建一个图像文件，新建一个图层，使用矩形选框工具创建背景底纹图像，如图 7-47 所示。

STEP 02 使用矩形选框工具创建按钮的黑色底纹，如图 7-48 所示。

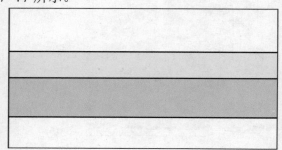

图 7-47

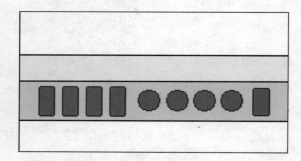

图 7-48

STEP 03 复制前面制作好的按钮到图像文件中，如图 7-49 所示。

STEP 04 使用相同的方法创建圆形的按钮，如图 7-50 所示。

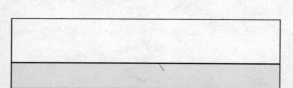

图 7-49

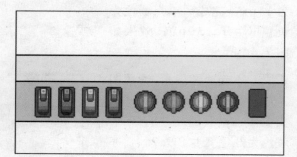

图 7-50

STEP 05 使用相同的方法创建红白两个按钮，如图 7-51 所示。

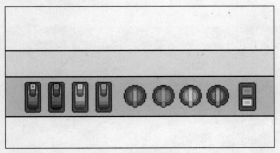

图 7-51

STEP 06 使用相同的方法创建数据线的图像，如图 7-52 所示。

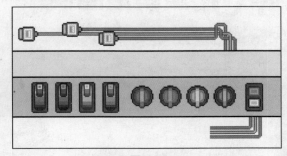

图 7-52

STEP 07 使用矩形选框工具创建文字的效果，如图 7-53 所示。

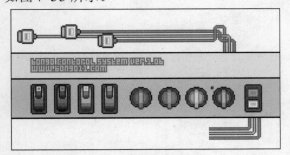

图 7-53

功能技巧归纳

　　1．当需要快速隐藏工具栏或多个浮动面板时，逐一单击浮动面板上的"关闭"按钮，在要使用时又打开，十分不方便。这时可以按 Shift+Tab 键，这样浮动面板会立即隐藏，从屏幕上消失，再按该键，面板又会显现；如果只按下 Tab 键，则工具栏和浮动面板会一起隐藏，再按下该键，它们会同时显现。

　　2．按 F 键，可以调整图像窗口的显示模式。当按一次 F 键时，可切换到"带菜单栏的全屏模式"；当按两次 F 键时，可切换到"全屏模式"。

40 像素化图像

网络上盛行一时的像素化图像，很小的图像却能很精致地表现各式各样的图案。但放大图像，反而不清楚，这就是像素化图像的魅力和特点。

🔊 **重要功能：** 矩形选框工具、移动工具、"填充"命令

💿 **光盘路径：** CD\chapter 7\ 像素化图像 \complete\ 像素化图像.psd

操作步骤

STEP 01 按Ctrl+N快捷键，打开"新建"对话框，设置"名称"为"像素化图像"，具体参数设置如图7-54所示，完成后单击"确定"按钮，创建一个新的图形文件。按Ctrl+R快捷键，显示标尺，确定标尺单位为"像素"，如图7-55所示。

图 7-54

图 7-55

STEP 02 放大图像到最大。新建一个图层1，使用矩形选框工具，在属性栏的"样式"下拉列表框中选择"固定大小"，设置"宽度"和"高度"都为1px，如图7-56所示。然后在图像窗口中连续创建6个方格选区，如图7-57所示。完成后填充黄色（＃ffff99），取消选区，如图7-58所示。

图 7-56

图 7-57

图 7-58

STEP 03 继续在该图层使用矩形选框工具  连续创建选区，然后填充中黄色（#ffcc00），如图 7-59 所示。中间相隔的地方需要创建 4 个斜方格，并填充白色，如图 7-60 所示。

图 7-59　　　　　图 7-60

STEP 04 使用相同的方法新建 3 个图层，分别在各图层中绘制像素块，具体颜色色标如图 7-61 和图 7-62 所示。

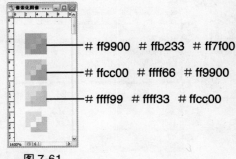

ff9900　# ffb233　# ff7f00

ffcc00　# ffff66　# ff9900

ffff99　# ffff33　# ffcc00

图 7-61　　　　　　　　　图 7-62

STEP 05 参照图 7-63 复制图像，排成一个竖排，然后分别复制相同图层的副本图层，再横向复制合并图层，如图 7-64 所示。完成后将所有复制图层合并为一个图层，并重新命名为"背景"。

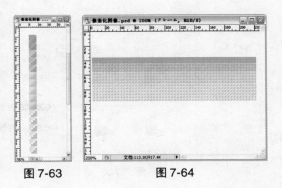

图 7-63　　　　　图 7-64

STEP 06 新建图层 2，选择矩形选框工具 ，在属性栏的"样式"下拉列表框中选择"正常"，然后执行"编辑>描边"命令，设置"宽度"为 1px，"颜色"为橙色（#ff9900），如图 7-65 所示。完成后创建一条"高度"为 1px 的直线选区，并填充描边的颜色，如图 7-66 所示。

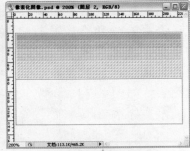

图 7-65　　　　　图 7-66

STEP 07 下面绘制草地图像。新建图层3，使用步骤2和步骤3相同的方法创建选区，并对选区依次填充颜色＃5de800、白色、＃264c00，如图7-67所示。

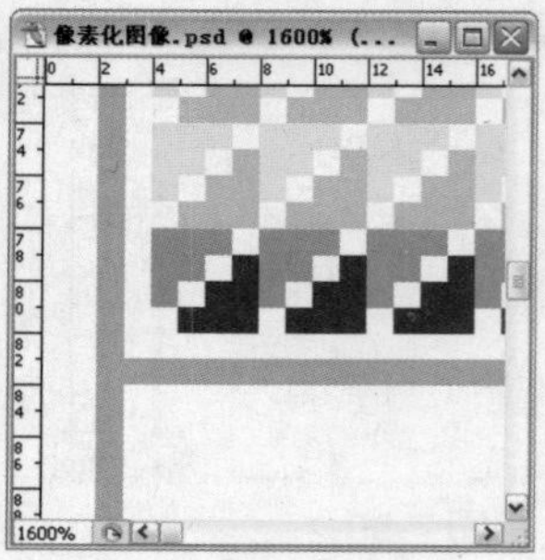

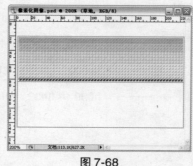

图 7-67

STEP 08 横向复制图层3，完成后合并图层3及其副本图层，并重新命名为"草地"，如图7-68和图7-69所示。

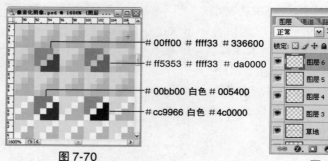

图 7-68

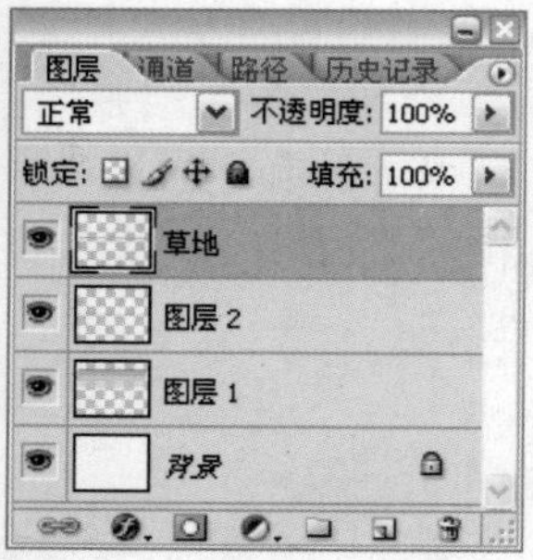

图 7-69

STEP 09 下面绘制苹果树。根据颜色块的数量新建图层，绘制树叶、苹果、树干的颜色块。颜色设置参照图7-70和图7-71所示。

＃00ff00 ＃ffff33 ＃336600

＃ff5353 ＃ffff33 ＃da0000

＃00bb00 白色 ＃005400

＃cc9966 白色 ＃4c0000

图 7-70

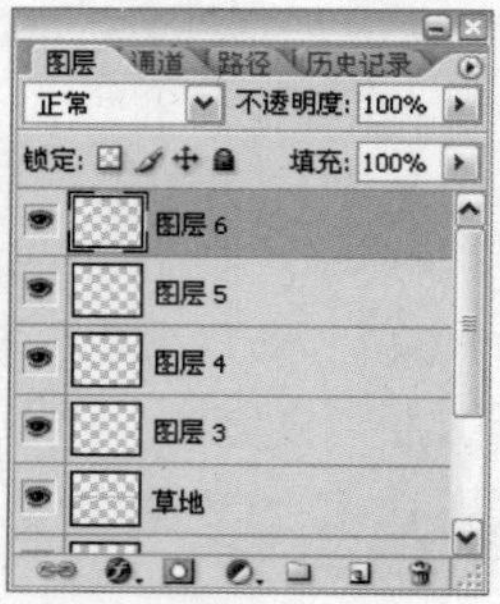

图 7-71

STEP 10 复制刚刚创建的图像，参照图7-72组合成苹果树的形状。注意"苹果"图层要在最顶层，最后合并相应的图层，如图7-73所示。

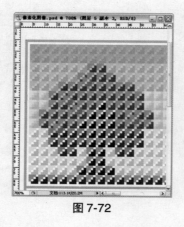

图 7-72

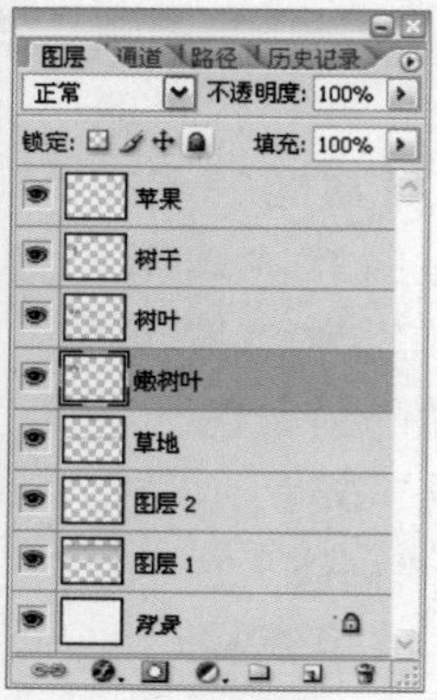

图 7-73

STEP 11 下面调整树干部分的细节，观察树干，每个颜色块中间的4个斜方格应该与背景颜色层的颜色相同，使用矩形选框工具创建选区后，单击吸管工具，在图像窗口中吸取需要的颜色值，然后对选区进行填充，如图 7-74 所示。完成后取消选区，如图 7-75 所示。

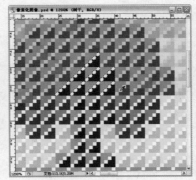

图 7-74

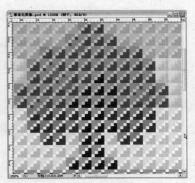

图 7-75

STEP 12 完成后同时选择树的相关图层，并按 Ctrl+G 快捷键，将它们组合在一个图层组中，并将图层组命名为"树"，如图 7-76 所示。然后在草地上放置 1～2 个苹果，如图 7-77 所示。

图 7-76

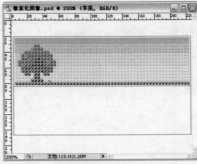

图 7-77

STEP 13 绘制白云图像。首先新建图层，然后绘制云的颜色块，颜色值依次为 # f2f2ff、白色、# d0d0ff，复制颜色块并调整位置。得到白云图像，如图 7-78 所示。完成后将白云图像合并为一个图层，如图 7-79 所示。

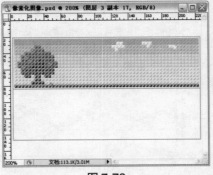

图 7-78

图 7-79

STEP 14 绘制小狗图像。首先新建图层，然后绘制小狗的颜色块，颜色值依次为 # 666666、白色、# 333333，复制颜色块并调整位置。得到小狗图像，如图 7-80 所示。将小狗的颜色图像合并为一个图层"小狗"，如图 7-81 所示。

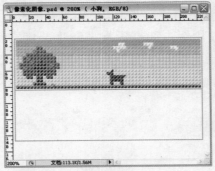

图 7-80

图 7-81

STEP 15 绘制花图像。首先
新建图层，然后绘制花的颜
色块，参照图7-82复制颜色块
并排列颜色块。树叶部分和
花蕊可以通过矩形选框工具来
创建。

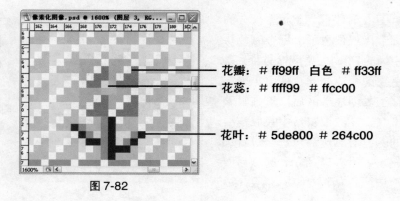

花瓣：＃ff99ff　白色　＃ff33ff
花蕊：＃ffff99　＃ffcc00

花叶：＃5de800　＃264c00

图 7-82

STEP 16 将制作花的图层合并
为一个图层，然后复制多个
花图层，如图7-83所示。最
后合并为一个图层，命名为
"花"，如图7-84所示。

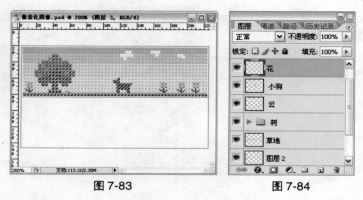

图 7-83　　　　　　　　　　图 7-84

STEP 17 如果觉得画面还比较
单调，还可以复制苹果树，
然后适当删减颜色块，调整
苹果树的大小，最后调整图
像的整体位置，如图7-85所
示。此时的"图层"面板如
图7-86所示。

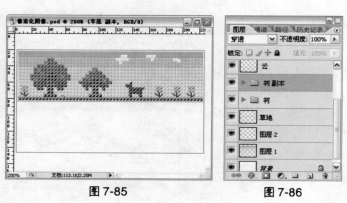

图 7-85　　　　　　　　　　图 7-86

STEP 18 最后需要为图像添加适当的文字效果，因为是像素化图像，如果使用文字工具来直接
输入，会模糊不清，这里使用矩形选框工具来创建。新建一个图层，命名为"文字"，参
照图7-87绘制字母，再绘制字母的边缘。字母的颜色为黄色（＃ffff99），边缘的颜色为橙
色（＃ff9900）。

welcometoforestdog

图 7-87

STEP 19 适当调整文字在图像窗口中的位置，完成像素化图像的制作，如图7-88所示。此时的"图层"面板如图7-89所示。

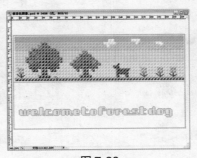

图 7-88

图 7-89

制作提示：
利用前面制作像素化图像的方法，适当调整树的形状，这里制作森林的效果。然后适当调整小狗的脚，动作调整为奔跑的状态。方法简单，主要运用颜色的变换来丰富图像的层次感。

光盘路径：
CD\chapter7\ 像素化图像 \complete\ 举一反三.psd

操作步骤

STEP 01 复制前面制作好的图像文件，删掉不需要的图像，如图7-90所示。

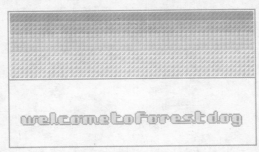

图 7-90

STEP 02 制作草地和白云图像，如图7-91所示。

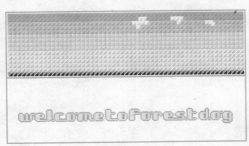

图 7-91

STEP 03 创建森林图像，如图 7-92 所示。

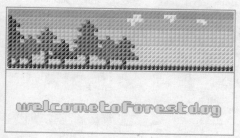

图 7-92

STEP 04 适当修改小狗的图像，使小狗成跑的状态，如图 7-93 所示。

图 7-93

STEP 05 最后复制小花图像，并适当调整花的位置，如图 7-94 所示。

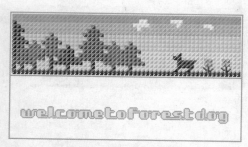

图 7-94

功能技巧归纳

1. 制作像素化图像中，使用工具频率最多的就是选区工具和移动工具。下面主要介绍几个使用移动工具的技巧。

（1）选择移动工具，按住 Alt 键的同时，将需要复制的图像向任意方向拖曳，图像复制到释放鼠标的位置，如图 7-95 所示。复制的图像在新的图层上。

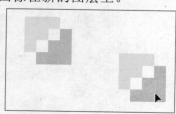

图 7-95

（2）选择移动工具，按住 Shift+Alt 键的同时，将需要复制的图像向右、向下或向 45°角的方向拖曳，图像将沿水平方向、垂直方向、正 45°角的方向复制，如图 7-96 所示。

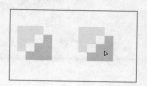

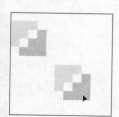

图 7-96

（3）如果不需要复制新的图层，可以载入图像的选区，再使用移动工具并按住 Alt 键进行复制，如图 7-97 所示。

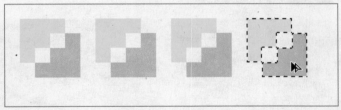

图 7-97

（4）按住 Alt 键，再按键盘中的方向键，可以沿 1 个像素的位移进行复制，如图 7-98 所示，复制的图层不断添加到新图层中。同样载入选区再复制，可在一个图层中。

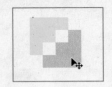

图 7-98

（5）需要使用移动工具调整图像位置时，按键盘上的方向键，是以 1 个像素为单位进行移动。按住 Shift 键的同时，再按键盘上的方向键，是以 10 个像素为单位进行移动，如图 7-99、图 7-100 和图 7-101 所示。

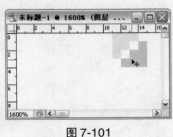

图 7-99　　　　　　　　图 7-100　　　　　　　　图 7-101

2. 如果鼠标正处于以下的编辑状态：画笔工具，喷枪工具，铅笔工具，橡皮擦工具时，按 Alt 键，就可以临时切换到吸管工具，以便在图像中吸取需要的颜色。

41 数字立体图像

数字化图像给人比较时尚的效果，在平面软件中同样可以制作立体效果的图像，其效果独具特色。主要巧用透视基准线，运用近大远小的原理来设计，使数字立体文字更具有真实的透视效果。

🔊 **重要功能：** 矩形选框工具、"填充"命令、"描边"命令、移动工具、键盘上的方向键

📀 **光盘路径：** CD\chapter7\ 数字立体图像 \complete\ 数字图像.psd

操作步骤

STEP 01 按 Ctrl+N 快捷键，打开"新建"对话框，设置"名称"为"数字图像"，具体参数设置如图 7-102 所示，完成后单击"确定"按钮，创建一个新的图形文件。按 Ctrl+R 快捷键显示标尺，确定标尺单位为"像素"，如图 7-103 所示。

图 7-102

图 7-103

STEP 02 新建图层 1，单击矩形选框工具 🔲，参考图 7-104 在属性栏上设置各项参数。完成后在图像窗口中单击创建选区，如图 7-105 所示。然后对选区填充红色，这里的颜色不限制，可以根据自己的喜好选择颜色。完成后取消选区，如图 7-106 所示。

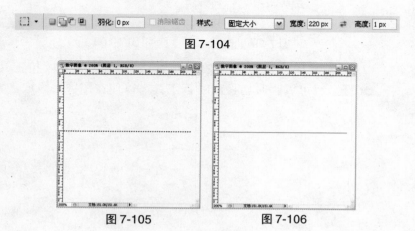

图 7-104

图 7-105

图 7-106

STEP 03 新建图层2，设置矩形选框工具的"宽度"为28px，如图7-107所示。在图像窗口中步骤2创建的线条上方1px的地方单击，创建选区后填充红色。这里的颜色跟前面统一即可，如图7-108和图7-109所示。

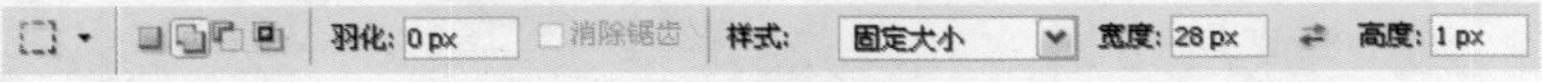

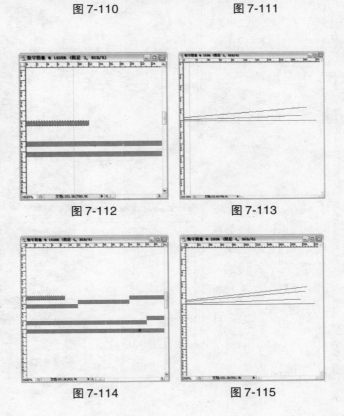

图 7-107

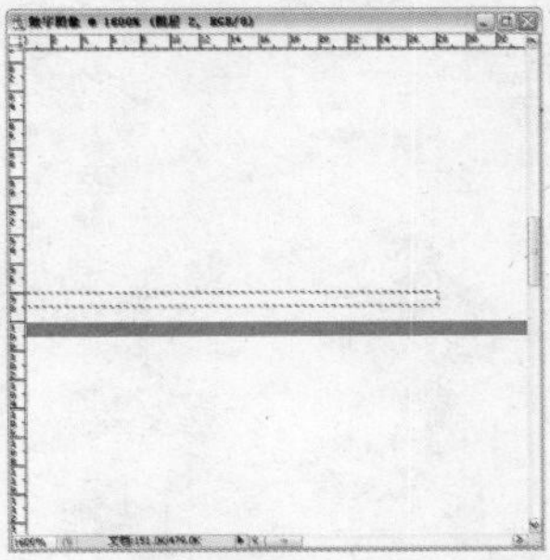

图 7-108 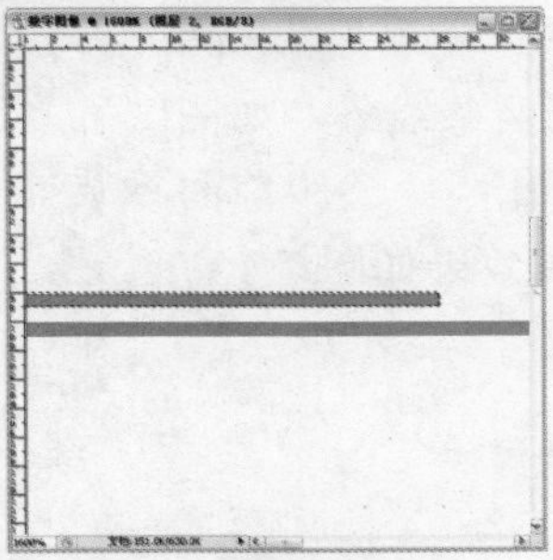　　　　　　图 7-109

STEP 04 继续在图层2中使用矩形选框工具创建选区，并填充红色。位置比前一个线条高1个像素，其排列如图7-110所示。创建方法可以按方向键来调整选区，然后填充颜色。也可以直接连续创建选区后再填充，如图7-111所示。

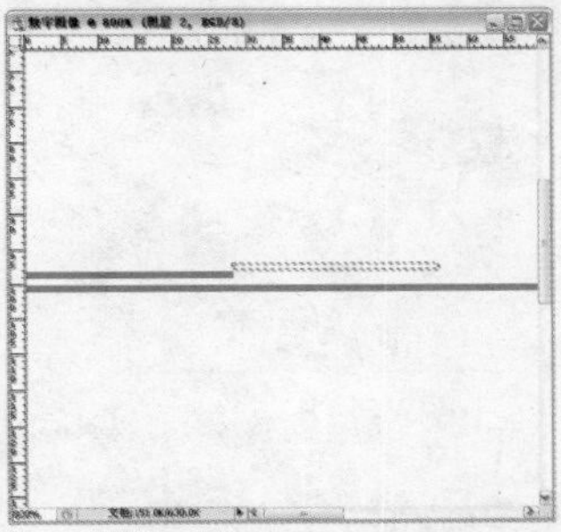

图 7-110 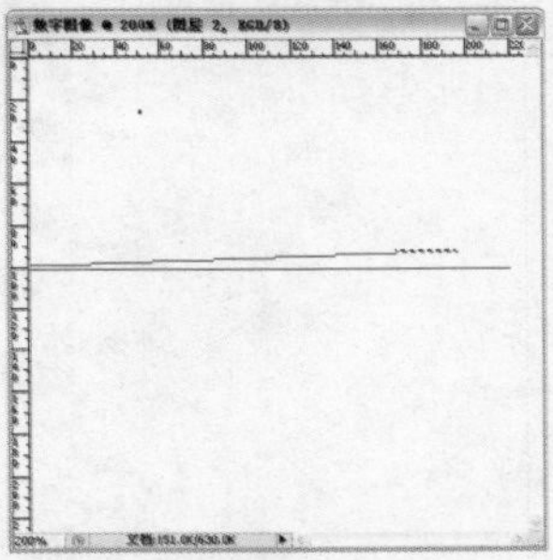　　　　　　图 7-111

STEP 05 新建图层3，设置矩形选框工具的"宽度"为12px后，在距离步骤4创建的线条高3px的位置创建选区，并填充红色，如图7-112所示。然后使用相同的方法复制，如图7-113所示。

图 7-112　　　　　　图 7-113

STEP 06 新建图层4，设置矩形选框工具的"宽度"为9px，在距离步骤5创建的线条高1px的位置创建选区，并填充红色，如图7-114所示。然后使用相同的方法复制，如图7-115所示。

图 7-114　　　　　　图 7-115

STEP 07 使用相同的方法，新建两个图层，分别设置矩形选框工具的"宽度"为6px和5px，绘制两条线条，如图7-116所示。相隔距离跟前面的一样，完成效果如图7-117所示。

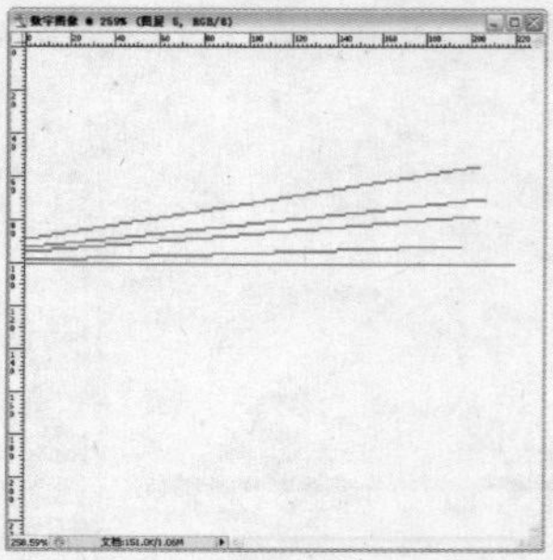

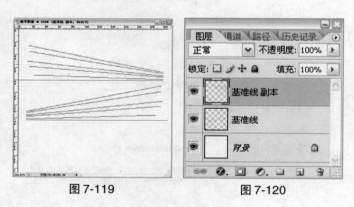

图 7-116 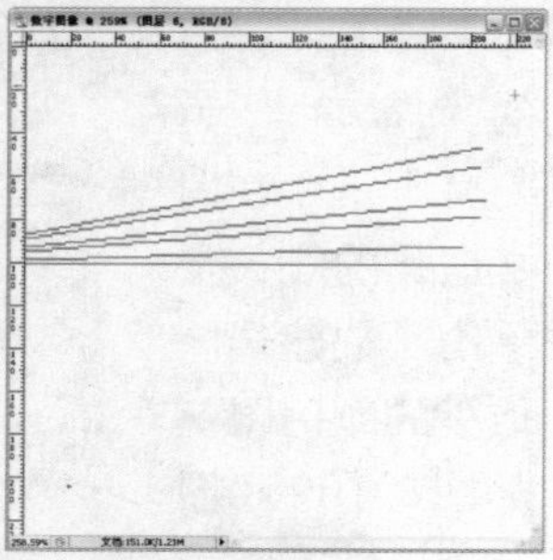　　　　　图 7-117

STEP 08 完成后选择图层6，连续按5次 Ctrl+E 快捷键，合并图层并将图层命名为"基准线"，如图7-118所示。

图 7-118

STEP 09 下面利用基准线创建文字，根据文字的方向不同，依次复制基准线，然后对"基准线副本"图层执行"编辑>变换>水平翻转"命令，完成后适当调整基准线的位置，如图7-119和图7-120所示。

图 7-119　　　　　图 7-120

STEP 10 为了显示方便，隐藏"基准线"图层。从标尺拖曳参考线，以便确定文字的大小，每个字母之间的间距为3px，字母的宽度利用近大远小的原理来确定，最左边的宽一点，最右边的窄一点，可以参考图7-121来确定间距，也可以自己重新设定。

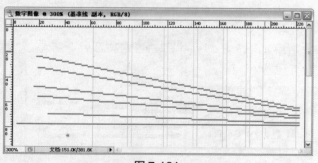

图 7-121

STEP 11 新建图层1，单击矩形选框工具，在属性栏中的"样式"下拉列表框中选择"正常"。然后根据参考线和文字的形状创建选区，创建时需要和基准线的像素纹理吻合，可以通过按 Alt 键减选选区，完成后填充黑色，如图 7-122 和图 7-123 所示。

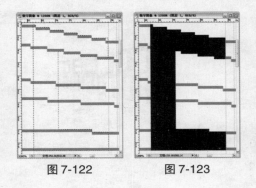

图 7-122　　图 7-123

STEP 12 继续在图层1中使用矩形选框工具创建其他字母的选区，完成后填充黑色，如图 7-124 所示。这个需要一定的耐心，此时的"图层"面板如图 7-125 所示。

图 7-124　　图 7-125

STEP 13 显示"基准线"图层，对基准线执行"编辑>变换>旋转180度"命令，完成后适当调整基准线的位置，如图 7-126 所示。然后执行"视图>清除参考线"命令，删掉前面添加的参考线，如图 7-127 所示。

图 7-126　　图 7-127

STEP 14 下面重新根据字母的宽度，参照图 7-128 拖曳出参考线，字母之间的距离为3px。

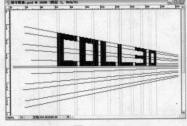

图 7-128

STEP 15 新建一个图层，使用矩形选框工具根据参考线和基准线以及字母的形状创建选区，并对选区填充黑色，如图 7-129 所示。

图 7-129

STEP 16 复制"基准线"图层，然后对"基准线副本2"图层执行"编辑>变换>水平翻转"命令，并适当移动到如图7-130所示的位置。完成后执行"视图>清除参考线"命令，以便下面重新拖曳出2006文字的参考线，如图7-131所示。

图 7-130

图 7-131

STEP 17 新建一个图层，使用矩形选框工具根据字母的形状、参考线以及基准线创建选区，完成后填充黑色，最后取消选区，如图7-132所示。

图 7-132

STEP 18 下面为文字添加立体效果。设置前景色为橙色（#bf733c），分别在图层1～图层3中载入前面创建的文字选区，然后重新填充前景色，如图7-133和图7-134所示。

图 7-133

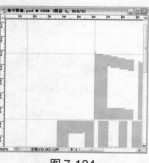
图 7-134

STEP 19 新建一个图层，设置背景色为#bf733c。单击矩形选框工具，在属性栏的"样式"下拉列表框中选择"固定大小"，设置"宽度"为46px。在参考线内框中依次创建选区，按Ctrl+Delete快捷键填充背景色。每创建一个选区，向右上角方向移动1像素，如图7-135和图7-136所示。

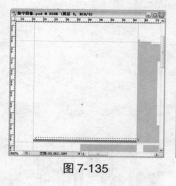
图 7-135

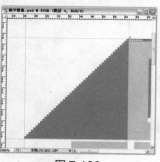
图 7-136

STEP 20 观察图像窗口中，有一些多余的图像，单击矩形选框工具[ ]，在属性栏中设置"样式"为"正常"。然后在图像窗口中多余的图像处创建选区，如图7-137所示。完成后按Delete键删除并取消选区，如图7-138所示。

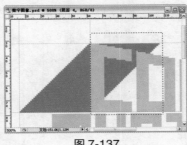

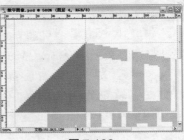

图 7-137   图 7-138

STEP 21 下面为字母添加阴影效果，增强字母的立体感。使用矩形选框工具在字母镂空的位置创建选区，在图层4中填充颜色（# bf733c），如图7-139所示。

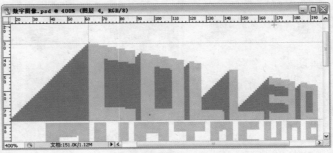

图 7-139

STEP 22 使用相同的方法对剩下两排字母添加阴影效果，增加文字的立体效果。注意每排字母的阴影在一个图层上，以便后期如果有不妥的地方便于调整。这里对文字2006的阴影颜色填充为＃df8849，略比前两排字母的阴影浅。完成后同时调整两排字母的位置。如图7-140和图7-141所示。

图 7-140   图 7-141

STEP 23 新建图层7，使用矩形选框工具为文字添加一个背景边框，并"填充"浅橙色（# ffdabe）。然后对背景边框执行"编辑>描边"命令，设置"宽度"为1px，"颜色"为# bf733c，如图7-142所示。效果如图7-143所示。

图 7-142   图 7-143

STEP 24 新建图层8，使用矩形选框工具添加一些底纹，左边背光的文字填充深一点的颜色（＃bf733c），右边背光的文字填充浅一点的颜色（＃df8849）。使图像的整体效果更富有变化，如图7-144和图7-145所示。

图 7-144　　　　　　　图 7-145

STEP 25 在图像窗口下方输入一些像素文字。新建图层9，使用矩形选框工具创建选区，然后填充深阴影的颜色（＃bf733c），如图7-146所示。在创建选区时并没有太多的技巧，耐心和仔细尤为重要。

图 7-146

STEP 26 使用相同的方法创建其他的像素文字，如图7-147所示。可以在同一个图层中创建，创建时可以通过拖曳参考线来完成。

图 7-147

STEP 27 单击矩形选框工具，在属性栏的"样式"下拉列表框中选择"固定大小"，设置"宽度"为3px，"高度"为2px。然后根据参考线和文字的高度，创建方块状的选区，并填充与上一步文字相同的颜色，如图7-148和图7-149所示。

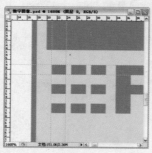 

图 7-148　　　　　　　图 7-149

STEP 28 在图像的其他位置再添加几个条纹，丰富图像的整体效果，如图7-150和图7-151所示。

图 7-150　　　　　　　图 7-151

STEP 29 新建图层10，在图像中添加其他文字，颜色同样为深阴影的颜色（#bf733c），如图7-152所示。此时的"图层"面板如图7-153所示。

图 7-152　　　　　图 7-153

STEP 30 下面的文字颜色相同，比较单调，单击矩形选框工具，在属性栏的"样式"下拉列表框中选择"固定大小"，设置"宽度"为200px，"高度"为2px。然后在图像窗口中连续选取文字中的某一排图像，如图7-154所示。

图 7-154

STEP 31 按Ctrl+U快捷键，调整图像的明度，如图7-155所示，得实例的最终效果，如图7-156所示。

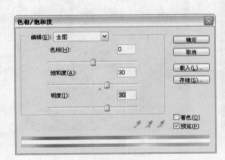

图 7-155　　　　　图 7-156

🔊 **制作提示：**

前面介绍了怎样制作立体化像素的数字，适当运用透视关系，再结合单色的深浅对比，同样可以表现出另一种透视感的立体文字。制作像素化的图像其实比较有规律，运用简单的选框工具就可以完成。

📀 **光盘路径：**

CD\chapter7\ 数字立体图像 \complete\ 举一反三.psd

操作步骤

STEP 01 新建一个图像文件，并对背景图层填充深灰色，如图 7-157 所示。

图 7-157

STEP 02 新建一个图层，为图像创建道路的图像，如图 7-158 所示。

图 7-158

STEP 03 使用矩形选框工具，创建像素化图像，如图 7-159 所示。

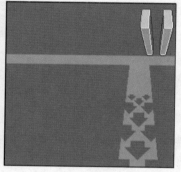

图 7-159

STEP 04 使用相同的方法创建 G 字母的像素化图像，如图 7-160 所示。

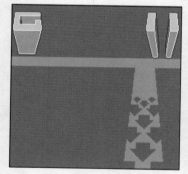

图 7-160

STEP 05 使用相同的方法创建字母 O 和 N 的像素化图像，如图 7-161 所示。

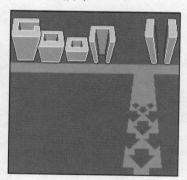

图 7-161

STEP 06 使用相同的方法创建 M 字母的像素化图像，如图 7-162 所示。

图 7-162

STEP 07 使用相同的方法创建 B 字母的像素化图像，如图 7-163 所示。

图 7-163

STEP 08 使用相同的方法创建 C 字母的像素化图像，如图 7-164 所示。

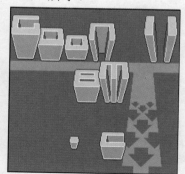

图 7-164

功能技巧归纳

　　参考线是一个辅助工具，能帮助我们准确地制作图形。在本实例中运用了 Photoshop 中最简单的选框工具就可以创建出丰富的图像效果，而且是模拟三维的立体效果。在这个实例中，参考线帮了很大的忙。

　　按 **Ctrl+R** 快捷键，可以显示标尺，使用移动工具从标尺栏中任意拖曳出参考线。参考线的位置当然也少不了标尺的协助，没有标尺，参考线就不能准确定位。

　　根据图像的绘制需要，我们还需要调整标尺的单位，例如在本实例中，主要是绘制像素图，那么单位最好是像素。

　　参考线的颜色默认状态下为亮蓝色，如果觉得颜色比较刺眼，可以根据自己的习惯调整参考线的颜色。执行"编辑>首选项>参考线、网格和切片"命令，在弹出的对话框中的"参考线"区域重新设置参考线的颜色，还可以显示是以实线或是虚线来显示。参考线的颜色最好设置为制图中不常用的颜色，否则图像中颜色重叠，就无法显示参考线了。

　　如果不需要显示参考线，可按 **Ctrl+H** 快捷键隐藏参考线。但是如果需要重新创建参考线，可执行"视图>清除参考线"命令，否则上一次创建的参考线依然存在。

　　这里还需要提示一点的就是，运用透视关系来制作基准线，对于制作一些立体效果的图形效果比较理想。

42 网页图标

网页上的图标丰富多彩，这里巧妙利用几个滤镜就可以制作五彩斑斓的万花筒图像，为你的设计锦上添花。

🔊 **重要功能：** "塑料包装"滤镜、"绘画涂抹"滤镜、"水彩"滤镜、"影印"滤镜、"色相/饱和度"命令、渐变映射、圆角矩形工具、直线工具

💿 **光盘路径：** CD\chapter7\ 网页图标 \complete\ 网页图标.psd

操作步骤

STEP 01 按 Ctrl+N 快捷键，打开"新建"对话框，设置"名称"为"网页图标"，具体参数设置如图 7-165 所示，完成后单击"确定"按钮，创建一个新的图形文件。新建图层 1，并填充黑色，如图 7-166 所示。

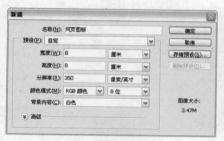

图 7-165

图 7-166

STEP 02 对图层 1 执行"滤镜>艺术效果>塑料包装"命令，其对话框的设置如图 7-167 所示，图像窗口中间则产生光晕效果，如图 7-168 所示。

图 7-167

图 7-168

STEP 03 执行"滤镜>艺术效果>绘画涂抹"命令，参照图 7-169 设置参数。图像产生纹理效果，如图 7-170 所示。

图 7-169

图 7-170

STEP 04 执行"滤镜>艺术效果>水彩"命令，参照图7-171设置参数，使图像的纹理效果更明显，如图7-172所示。

图 7-171　　　　　　图 7-172

STEP 05 执行"滤镜>素描>影印"命令，参照图7-173设置参数，完成条纹图像的制作，如图7-174所示。

图 7-173　　　　　　图 7-174

STEP 06 下面为图像添加颜色。按 Ctrl+U 快捷键，弹出"色相/饱和度"对话框，从中选择"着色"复选框，适当调整"色相"和"饱和度"的参数，如图7-175所示。得到彩条图像，如图7-176所示。

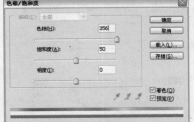

图 7-175　　　　　　图 7-176

STEP 07 按Ctrl+B快捷键，弹出"色彩平衡"对话框，适当调整参数，如图7-177所示。图像的颜色更自然和美观，如图7-178所示。

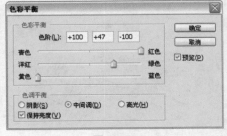

图 7-177　　　　　　图 7-178

STEP 08 单击魔棒工具，取消选择属性栏上的"连续"复选框，然后将图像中白色的图像范围选取，按 Delete 键删掉白色的背景图像。然后复制4次图层1，适当调整位置和大小，如图7-179和图7-180所示。

图 7-179　　　　　　图 7-180

STEP 09 为图像重新添加颜色。选择图层 1，执行"图像>调整>渐变映射"命令，弹出"渐变映射"对话框，如图 7-181 所示。单击渐变颜色条，弹出如图 7-182 所示的"渐变编辑器"对话框，单击"载入"按钮，弹出"载入"对话框，选择"杂色"并单击"载入"按钮，"渐变编辑器"对话框多了一些渐变颜色。

图 7-181

图 7-182

STEP 10 渐变颜色调好以后，在"渐变编辑器"对话框中选择需要的渐变颜色，单击"确定"按钮后，对图像进行渐变映射处理，如图 7-183、图 7-184 和图 7-185 所示。

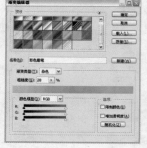

图 7-183

图 7-184

图 7-185

STEP 11 分别选择其他图层，然后应用渐变映射效果，如图 7-186 所示。下面为图像添加文字的装饰图像。新建一个图层 2，单击圆角矩形工具，在属性栏中设置"半径"为 30px，然后在图像窗口的右上方绘制一个路径，完成后将路径转换为选区，并填充橙色（＃ ff8400），如图 7-187 所示。

图 7-186

图 7-187

STEP 12 保持选区,执行"选择>修改>收缩"命令,在打开的对话框中设置"收缩量"为12px。然后执行"编辑>描边"命令,参数设置如图7-188所示,完成后取消选区,效果如图7-189所示。

图 7-188

图 7-189

STEP 13 选择直线工具,在属性栏中设置"粗细"为4px,然后在步骤13绘制的图形中绘制两条线,完成后转换为选区,并填充白色。取消选区,如图7-190和图7-191所示。

图 7-190

图 7-191

STEP 14 选择魔棒工具,选择属性栏上的"连续"复选框,然后单击图形中上端的图像,创建选区后,填充红色(#b05700)。取消选区,如图7-192和图7-193所示。

图 7-192

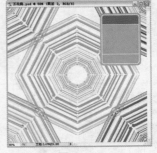
图 7-193

STEP 15 选择文字工具,在图形中输入文字,完成后对文字进行栅格化处理,如图7-194所示。完成实例的制作过程,此时的"图层"面板如图7-195所示。

图 7-194

图 7-195

举一反三 👆

🔲制作提示：

制作方法类似，只是在颜色上用了单色的图像效果，同样可以
使用"色相 / 饱和度"命令来调整，同时还可以配合"色彩平
衡"命令来加强颜色的纯度，最后适当加入一些文字即可。

🔵光盘路径：

CD\chapter7\ 网页图标 \complete\ 举一反三.psd

操作步骤

STEP 01 复制前面制作好的
图像，这里对图像进行单色
处理，如图 7-196 所示。

STEP 02 复制图像后，适当
对 4 个角上的颜色进行调整，
如图 7-197 所示。

STEP 03 使用文字工具为图像
添加文字，如图 7-198 所示。

图 7-196

图 7-197

图 7-198

功能技巧归纳 ✏️

    1."绘画涂抹"滤镜通过对图像添加涂抹线条，将图像模拟成绘画作品的效果。在"绘
画涂抹"对话框中，"画笔大小"用于控制涂抹笔画的粗细，值越小，涂抹后的画面越清晰。
"锐化程度"用于控制涂抹笔触时，颜色渐变的柔和程度，值越小，颜色过渡越柔和。"画
笔类型"下拉列表中可以选择不同类型的涂抹画笔。对如图 7-199 所示的图像使用"绘画涂抹"
滤镜，效果如图 7-200 所示。

图 7-199

图 7-200

2. "水彩"滤镜通过简化图像的细节、增加暗色调和增加色彩饱和度来模仿水彩风格的图像。在"水彩"对话框中，"画笔细节"用于控制绘画的细腻程度，值越大，图像越细腻；"阴影强度"用于控制阴影区的范围，值越大，阴影区面积越大；"纹理"用于控制水彩颜色的饱和程度，值越大，颜色越饱和，颜色之间的反差就越大。对如图7-201所示的图像使用"水彩"滤镜，效果如图7-202所示。

图 7-201　　　　　　　　　　　图 7-202

3. "影印"滤镜对于大面积的暗部区用前景色来显示其边缘及中间调，其他区域用背景色来显示，模拟影印图像的效果。在"影印"对话框中，"细节"用于控制影印图像的细节表现程度，值越大，图像细节越丰富。"暗度"用于控制前景色的着色程度，值越大，前景色着色越强烈。对如图7-203所示的图像使用"影印"滤镜，细节和暗度的对比效果如图7-204和图7-205所示。

图 7-203　　　　　　　　　图 7-204　　　　　　　　　图 7-205